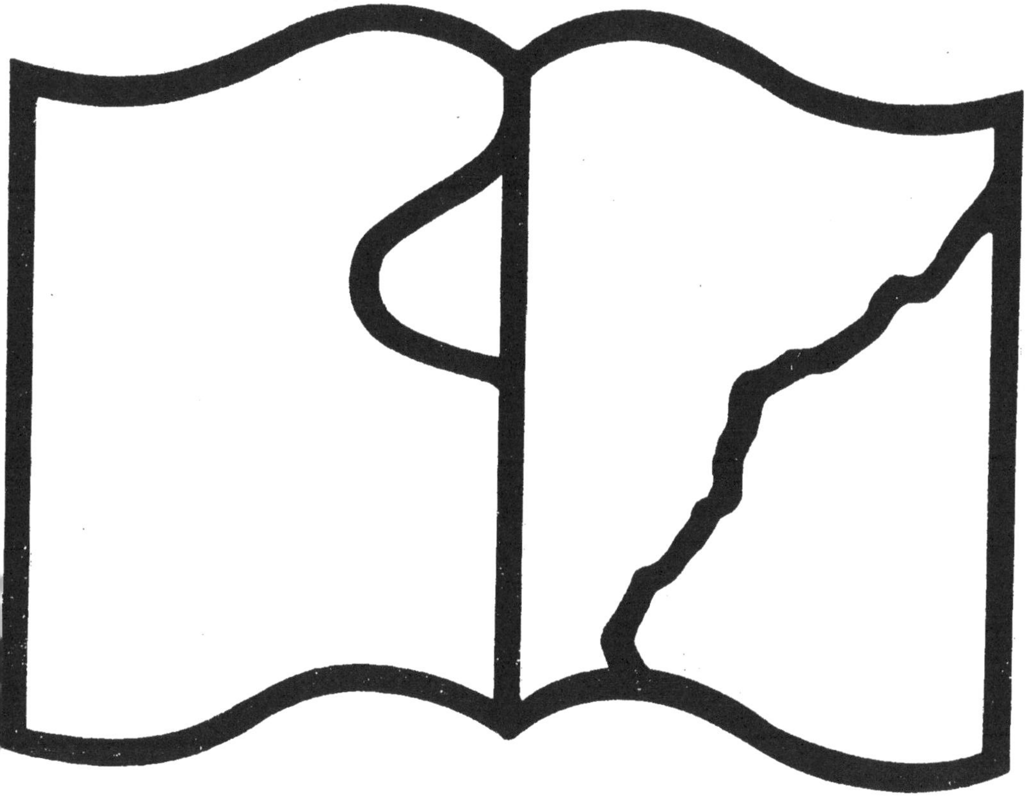

Texte détérioré — reliure défectueuse

NF Z 43-120-11

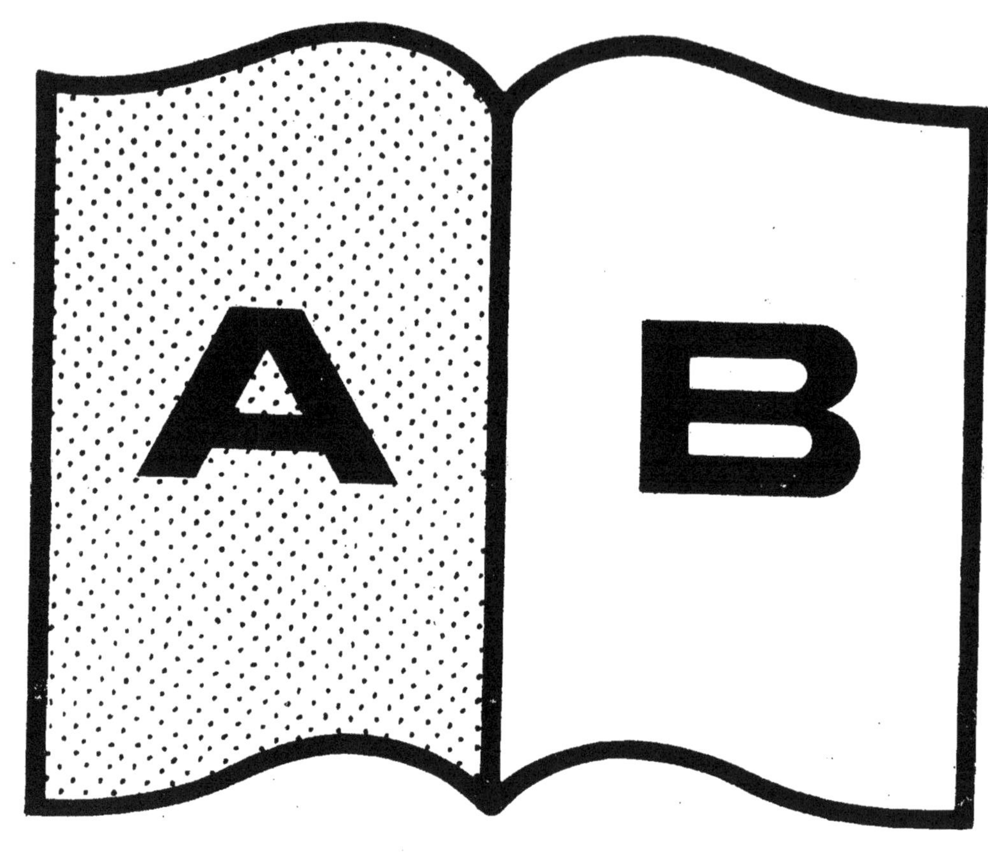

Contraste insuffisant

Études sur la Rivière
et la Vallée
du Grand-Morin

par

A. BAZIN
Sous-Ingénieur des Ponts et Chaussées.

Ouvrage orné d'une carte et de 24 gravures

COULOMMIERS
IMPRIMERIE PAUL BRODARD

1907

Études sur la Rivière
et la Vallée
du Grand-Morin

Il a été tiré de cet ouvrage
sur papier des Papeteries du Marais
200 exemplaires numérotés.

N°

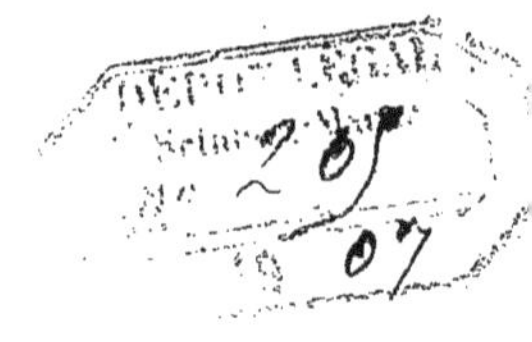

Études sur la Rivière et la Vallée du Grand-Morin

par

A. BAZIN
Sous-Ingénieur des Ponts et Chaussées.

Ouvrage orné d'une carte et de 24 gravures

COULOMMIERS
IMPRIMERIE PAUL BRODARD

1907

PRÉFACE

Après avoir publié l'historique de la commune de Guérard, arrosée par la rivière essentiellement briarde du Grand-Morin, M. Bazin nous initie aux annales de cette rivière elle-même, à ses particularités géologiques, hydrographiques, et aux modifications que l'homme a apportées, dans son cours et dans son régime, pour l'asservir à ses besoins.

D'un parcours restreint et d'un volume d'eau relativement peu considérable en temps ordinaire, il n'est peut-être aucune rivière en France qui rende au commerce et à l'industrie autant de services que le Grand-Morin.

Elle prend son cours dans le département de la Marne, sur les limites des anciennes provinces de Champagne et de Brie, qu'elle arrose, avant d'aller se jeter dans la Marne à Esbly, au delà de la petite ville de Crécy.

C'est la Brie surtout qu'elle parcourt, souvent entre des rives escarpées, accidentées, pittoresques, au milieu de paysages dont l'aspect contraste étrangement avec les horizons plus tranquilles au milieu desquels elle achève son cours dans les cantons de Coulommiers, de Rozoy-en-Brie et de Crécy.

Dans ces parages, de fertiles coins de terre, des prairies, des vergers et des vignes l'encadrent agréablement. La nature y est charmante, et les fervents de l'art y viennent chercher des inspirations. Villiers-sur-Morin rivalise avec Barbizon, pour le nombre d'artistes auxquels il offre son hospitalité accueillante.

L'importance du Grand-Morin n'est pas là :

Ses grasses prairies nourrissent quantité de vaches, dont le lait, onctueux et rempli d'éléments généreux, sert à la fabrication des excellents fromages de Coulommiers et de Brie, connus partout et qui n'ont point de rivaux.

Ses eaux au cours régulier, quand, rarement, à la suite d'orage, elles ne se précipitent pas en torrents, animent et font mouvoir quantité d'usines considérables, plus nombreuses autrefois qu'aujourd'hui, affectées à la mouture du blé, à la fabrication du papier, et à d'autres industries établies en des moulins à farine transformés dans ce but.

Les papeteries du Marais sont connues dans le monde entier, où elles soutiennent avantageusement la réputation de la fabrication française. Leurs produits alimentent une partie de l'industrie du livre.

Paris et la région briarde avoisinant le Grand-Morin tirent de ses moulins « faisant de blé farine » la généralité des produits nécessaires à leurs boulangeries.

La vivante rivière travaille sans trêve ni relâche, pour satisfaire les exigences que l'homme lui a imposées, et s'acquitter des services qu'il attend d'elle. Cela dure depuis des siècles, depuis des âges lointains, préhistoriques presque, où le roi de la création, pénétrant dans le domaine des inventions utiles à ses besoins physiques, substitua les forces de la nature à la faiblesse de ses ressources personnelles.

Du plus loin que les données historiques apparaissent, on trouve de nombreux moulins actionnés par les eaux du Grand-Morin. Ils ont remplacé le travail pénible et lent des meules à bras mises en mouvement par des esclaves et des serfs. L'outillage de ces moulins est primitif, incomplet, leurs produits grossiers. Qu'importe! L'élan est donné, le progrès fait ses premiers pas, il ira sans cesse en avant, pour la réalisation des perfectionnements dont toutes les usines de la vallée du Morin sont actuellement dotées.

M. Bazin, dans son livre soigneusement documenté, rempli de faits inconnus, nouveaux, plein de recherches qui lui ont coûté un labeur considérable, rend compte de ces transformations. Il fait l'historique de chaque moulin, de ceux existant, comme de ceux disparus. La rivière en était couverte, ils sont encore nombreux.

C'est une œuvre intéressante, originale, peu commune, qu'il édite aujourd'hui. Le côté descriptif y est adjoint à la partie technique et aux développements de l'histoire. C'est un ensemble qui se lit agréablement, plein de renseignements curieux.

Les habitants des rives du Morin et de la région qu'il arrose s'y intéresseront spécialement. Ils sauront gré à l'érudit auteur qui le leur a consacré, avec un soin et une patience de recherches qui sont à signaler, du bel et bon livre dont il vient d'enrichir la bibliographie du département de Seine-et-Marne.

G. LEROY.

Avril 1905.

AVANT-PROPOS

Dans la vie de l'homme, les souvenirs d'enfance laissent des traces impérissables.

C'est ainsi que la maison qui nous a vus naître, le jardin où nous avons fait nos premiers pas, la place publique témoin de nos jeux, le cours d'eau voisin qui nous attirait malgré ses dangers, tout se grave d'une manière ineffaçable dans notre mémoire, et quand, plus tard, arrivés à l'âge mûr, nous nous retrouvons dans ces lieux témoins de notre enfance, nous les revoyons avec plaisir.

Pour nous, le Grand-Morin, dont les eaux baignent le village de Guérard où nous sommes né, a constamment occupé une grande place dans notre esprit. Nous nous rappelons toujours le temps trop lointain, hélas! où, tout enfant, nous allions dans son lit à la recherche des écrevisses ou lorsque, juché sur le parapet de grès qui couronnait le pont de pierre aujourd'hui démoli, nous regardions passer avec effroi, au moment des inondations, les eaux tumultueuses de la rivière entraînant des débris de toutes sortes, et jusqu'à des arbres arrachés, le long de ses rives, venant battre furieusement les piles du vieux pont. Les moulins de Bicheret et de Guérard tout proches du village et dont le mécanisme nous intriguait, étaient également l'objet de notre curiosité. Aussi, quand, il y a tantôt quinze ans, nous écrivions la monographie de la commune de Guérard, nous avons été vivement frappé par les mots suivants, datés du 1er juin 1495, rencontrés dans un titre de propriété relatif au moulin de Bicheret, « où d'ancienneté soulois avoir moulin séant au-dessous du pont de Guérard ». L'idée nous vint de chercher à connaître l'origine de ce moulin et celle des autres établissements de ce genre établis sur notre rivière. Mais nous avions reculé devant l'énormité de la tâche et nous avions abandonné ce projet.

Cependant, comme on l'a dit souvent : si le Breton est têtu, le Briard est tenace ; et ce désir nous revenant sans cesse à l'esprit, nous nous demandions s'il nous serait possible de le réaliser, lorsqu'un jour, prenant notre courage à deux mains, nous nous mîmes résolument à l'œuvre.

La tâche était encore plus considérable que nous ne l'avions pensé; il nous a fallu beaucoup de patience et de volonté pour mener à bonne fin cette entreprise; les recherches furent longues et difficiles; nous avons compulsé beaucoup d'anciens titres et de vieux terriers poudreux disséminés un peu partout, fouillé les dépôts de nos Archives nationales et départementales, ceux de la Bibliothèque nationale, enfin nous avons recueilli divers documents auprès de plusieurs personnes autorisées et de nos camarades.

Nous leur adressons ici nos sincères remerciements.

Nous avons complété notre travail par quelques considérations générales sur le Grand-Morin et sur les diverses industries qu'on y rencontre. En un mot, c'est une monographie de cette rivière que nous avons essayé d'écrire.

Nous avons terminé la tâche que nous nous étions imposée et nous publions le résultat de nos recherches, en priant le lecteur d'être indulgent pour les lacunes qui s'y trouvent forcément.

Melun, le 27 janvier 1905.

ÉTUDES

SUR

LA RIVIÈRE ET LA VALLÉE DU GRAND-MORIN

CHAPITRE I

Généralités. — Description. — Topographie.

La rivière du Grand-Morin, qui prend sa source dans les bois de Mondement, au nord de Sézanne (Marne), se jette dans la Marne en deux endroits : à Condé-Sainte-Libiaire et à Esbly. Cette rivière est appelée le Grand-Morin, parce qu'elle est la plus grande en longueur des deux cours d'eau de même nom qui traversent parallèlement la Brie. D'où vient-il, ce nom? Nous ne saurions résoudre la question. Vient-il de la peuplade des Morains (Nord), dont une colonie serait venue s'établir sur ses bords? Nous l'ignorons.

Dans de vieux titres, on le trouve écrit sous différentes formes. En 813, on l'écrit : Mogra, Muera, Mœra (*Gallia Christiana*, XIV, C) d'où probablement le village de Mœurs, bâti presque à son origine, a tiré son nom; puis Mucra qui paraît être la contraction de Mucara, qui, prononcé Moucara, a pour radical le mot *moug*, passé de la langue phénicienne dans la langue celtique, veut dire couler, d'où *mucus*, *mucor*, en latin et *mucre* : *humidité*, en vieux français; et de *ar* latinisé par *ara*, désinence d'un grand nombre de rivières, signifient, suivant David de Saint-Georges : un lit profondément creusé : l'Isara, l'Oise; Samara, la Somme; l'Arar, la Saône; etc.

Quoi qu'il en soit, c'est un cours d'eau de moyenne importance qui court de l'est à l'ouest. De son origine aux étangs de la Morelle, c'est un simple fossé ordinairement à sec qui ne se remplit d'eau qu'à la saison des pluies; un peu plus loin il s'augmente des sources de Lachy dont la plus importante est la fontaine Corbet; il serpente ensuite paisiblement dans la fertile vallée de la Vaucelle (petite vallée), rejoint Verdey où il reçoit deux autres sources, traverse le village de Mœurs où il recueille encore quelques sources peu importantes et arrive enfin au pont de Mœurs (sur la route nationale n° 34). C'est à 100 mètres environ en aval de ce pont, et immédiatement après l'ancien moulin du pont de Mœurs, que les eaux du Grand-Morin, par un travail de main d'homme, se partagent entre deux vallées.

Écoutons ce que disait à ce sujet M. V. Plessier dans la *Feuille de Provins* des 11 et 25 février 1865 :

« Dans l'une, coule la Superbe ou ruisseau des Auges, qui « par un mouvement en arrière se précipite du terrain tertiaire de la Brie, sur la craie de Champagne, arrose « Sézanne, à cheval sur la frontière de ces deux contrées, « traverse le canton d'Anglure et se jette dans l'Aube à Boulayes. La bifurcation que nous signalons ici remonte à « l'édification géologique du plateau de la Brie: La Superbe « débordant du Grand-Morin s'est ouvert un passage en formant sa propre vallée. »

Nous pensons qu'il n'est pas nécessaire de faire intervenir ici des formations géologiques quelconques pour expliquer ce fait. Selon nous, ce ruisseau des Auges est une dérivation artificielle du Grand-Morin, fournissant l'unique alimentation en eau de la ville de Sézanne, et dont l'origine remonte à plusieurs siècles. Il en est fait mention dans une charte donnée en 1157 par Henri le Libéral, comte de Champagne, qui se trouve aux Archives de la ville de Sézanne et dont nous donnons ci-après copie.

VILLE DE SÉZANNE

Donation de 1157.

Copie.

(L'original, en latin, existe aux archives de la ville de Sézanne. Il est suivi de la traduction ci-dessous).

Au nom du Père et du Fils et du Saint-Esprit. Ainsi soit-il. Comme l'iniquité s'est beaucoup répandue et que la charité est presque entièrement refroidie, j'ai cru devoir confirmer de mon nom de mon sceau de la Vierge, moi, Henri par la grâce de Dieu, comte palatin de Troyes, ce qu'il m'a plu donner en aumône à l'église de Saint-Julien de Sézanne et aux moines qui y font le service divin. Qu'il soit donc connu de tous à venir que j'ai accordé à perpétuité la possession entière et libre telle que je l'avais, à ladite église et auxdits moines, pour la rémission de mes péchés et le soulagement de mon âme, le Salage de Sézanne, et que je leur ai donné le *moulin*[1] près de la porte de Broyes avec toute justice, et de plus, à ladite église et auxdits moines y faisant le service divin, mes foires de Sézanne qui commencent au dimanche où l'on chante *isti sunt dies*, aux vespres, et durent jusqu'au dimanche des Rameaux aussi aux vespres, ainsi que tout ce qui concerne lesdites foires, savoir le péage du minage du vin et du bled, avec toute justice, comme je l'avais tenu, dont je leur ai donné librement et sans contrainte la possession à perpétuité en présence du seigneur de Broyes et de beaucoup d'autres. Fait l'an du Seigneur mil cent cinquante sept.

Ces présentes délivrées de la main de Guillaume mon chancellier.

Cette dérivation commence au point A de la carte à droite et à hauteur du village de Verdey. En ce point les eaux du Grand-Morin quittent leur lit naturel pour suivre un nouveau lit établi à flanc de coteau et créé de main d'homme, au XIIe siècle, comme nous l'avons déjà dit antérieurement, pour l'alimentation de la ville de Sézanne.

Cette dérivation, à laquelle on a donné le nom de ruisseau des Auges (sans doute parce que l'eau y était au début

1. Le moulin, objet de la donation, appelé aujourd'hui moulin de la Ville, est situé sur le ruisseau des Auges, près de l'ancienne porte de Broyes et près de l'ancienne abbaye de Saint-Julien. — Il résulte de cette donation que le ruisseau des Auges existait déjà à cette époque.

recueillie dans des auges), franchit au point C de la carte le faîte de partage des bassins du Grand-Morin et de l'Aube. A cet endroit, en effet, ce faîte présente une dépression naturelle, ou col très accentué, dont l'altitude est de 4 mètres à peine plus élevée que celle du thalweg du Grand-Morin.

Au même point A de la carte, un nouveau lit du Grand-Morin (ou plutôt son lit primitif) commence; mais ce nouveau lit n'a en cet endroit aucune communication avec la rivière des Auges, par suite de travaux qu'on y a exécutés il y a sept à huit cents ans, et il ne se trouve alimenté que par les eaux des sources rencontrées sur son parcours. Enfin sur ce nouveau lit naturel, au point B de la carte, près de l'ancien moulin de Mœurs, on a établi un barrage de prise d'eau appartenant à la ville de Sézanne qui envoie également dans le ruisseau des Auges, les eaux que débite le Grand-Morin en cet endroit.

En eaux basses et moyennes, tout le débit de la rivière s'écoule par la dérivation; en eaux ordinaires ce débit est d'environ 40 litres par seconde.

En hautes eaux seulement, le trop-plein passe sur le déversoir et suit le cours naturel de la rivière. En résumé, toutes les sources, depuis Lachy jusqu'au barrage dont nous venons de parler, sont dirigées sur Sézanne. Les sources de Mœurs, seules, tombent dans le Grand-Morin en aval du barrage.

C'est, il est vrai, un cas excessivement rare, que cette bifurcation des eaux d'une même rivière, mais comme nous venons de l'expliquer, il n'y a là rien d'extraordinaire et le même fait pourrait se reproduire pour d'autres cours d'eau, comme conséquence de travaux exécutés de main d'homme.

Quant au Grand-Morin, il continue tranquillement son cours dans la même direction jusqu'aux environs du village de Meix-Saint-Epoing. Peu après ce point, et sur un parcours d'environ 10 kilomètres de longueur, il sépare un des débris de la forêt de Gault, de la forêt de Traconne, une des plus giboyeuses forêts de France, dit-on, puis arrose le village de

Châtillon-sur-Morin et rejoint Esternay, chef-lieu de canton de la Marne, qui n'offre rien de remarquable.

En aval d'Esternay, la fabrication de la porcelaine, introduite vers 1860 dans cette partie de la vallée, compte plusieurs manufactures. Cette industrie est due à la présence, dans le voisinage, de l'argile plastique propre à la confection des cassettes qui servent à renfermer les pièces destinées à la cuisson.

A Joiselle, le Grand-Morin s'augmente d'une source jaillissante appelée le moulin Le Comte, située au fond de la vallée et dont l'eau sert de moteur au moulin de ce nom. Pour créer une chute on l'a relevée au sommet d'un remblai de forme conique qui figure en petit le cratère d'un volcan.

Cette source donne en temps ordinaire par vingt-quatre heures environ de 7 à 8 000 mètres cubes d'une eau excellente. Son altitude permettrait de la conduire à Paris par l'action de la gravité.

Après Joiselle, il ne tarde pas à quitter le canton d'Esternay pour entrer dans le département de Seine-et-Marne.

A Meilleray, il existe également dans l'intérieur même du moulin de ce nom des sources importantes, dit-on, qui se confondent à leur sortie de terre avec les eaux de la rivière.

A la Chapelle-Véronge, dit M. V. Plessier (ancien député), « le Grand-Morin coule entre deux coteaux escarpés dont « celui de droite est formé d'une longue chaîne de roches « superposées qui se dressent brusquement du fond de la « vallée jusqu'au plateau. D'épais taillis, surmontés de chênes « antiques, recouvrent les deux rives et assombrissent le « paysage en interceptant les rayons du soleil et en cachant « aux regards la voûte céleste. Le courant disparaît pour « ainsi dire sous les berges. Une étroite bande de terre, que « se disputent les grosses herbes et les ronces, serpente entre « les sinuosités de la rivière et les roches gigantesques « qui semblent ne se soutenir que par un prodige d'équilibre. « Cette gorge étroite, profonde, ténébreuse et déserte, d'une

« physionomie sauvage, est désignée dans le pays sous le « nom de la Pierre aux Fées ».

Dans la paroi verticale de ce rocher, il existe deux grottes profondes qui ont dû, aux temps préhistoriques, servir d'abri aux peuples primitifs qui habitaient les bords du Morin.

A proximité des rives du Grand-Morin on rencontre sur les territoires de Meilleray, la Chapelle-Véronge et Moutils, des pétrifications appelées par les gens du pays : pierres de charme; ce sont des blocs de bois pétrifiés. A Moutils, dans le ru de Drouilly, on trouve des pierres de même composition chimique que les premières, mais d'un aspect physique différent, formées d'une grande quantité de petits rognons de la grosseur d'une noisette. Dans le voisinage on rencontre aussi des blocs calcaires compacts susceptibles d'être utilisés pour la lithographie.

Dans cette partie de son cours et jusqu'à la Ferté-Gaucher, le Grand-Morin n'offre rien de remarquable, ni d'attrayant aux yeux du promeneur, et à part les moulins de Véronge, de Guillard, de Saint-Martin et de la Maison-Dieu qui rompent la monotonie du paysage, la vallée a plutôt un aspect triste et sévère. La ville de la Ferté-Gaucher, chef-lieu de canton, est assez paisible. De construction quelconque, elle n'offre rien de particulier à l'historien et à l'archéologue.

Au-dessous de cette ville, le Grand-Morin, dont le volume des eaux va constamment en augmentant, est devenu assez puissant pour alimenter quelques moulins et les importantes papeteries de la société anonyme du Marais et de Sainte-Marie, dont les plus considérables sont : les Marais, le Moulin du Pont, la Fontaine-Chailly, Sainte-Marie et Pontmoulin. A la Fontaine-Chailly (commune de Saint-Remy-la-Vanne) les eaux de la source de ce nom doublent celles du Grand-Morin. C'est, croyons-nous, la plus grande source du bassin de la Seine; elle est située à quelques mètres de distance seulement de la rivière et débite de 35 à 40 000 mètres cubes d'eau en vingt-quatre heures. Son altitude est à 86 mètres au-dessus du niveau moyen de la mer et son titre hydrotimétrique est d'environ 25°.

Après Pontmoulin, le Grand-Morin atteint Coulommiers, chef-lieu d'arrondissement, qu'il traverse au moyen de plusieurs bras. Cette ville est assez mal percée : ses rues étroites

VUE GÉNÉRALE DE LA VILLE DE LA FERTÉ-GAUCHER

et tortueuses auraient besoin d'être élargies, mais en revanche elle est très commerçante, et le marché qui s'y tient le mercredi de chaque semaine, donne lieu à des transactions considérables. On y trouvait autrefois de nombreuses tanneries; actuellement on y voit l'imprimerie très importante de MM. Brodard père et fils, qui occupe plus de 300 personnes, et des moulins à farine avec outillage perfectionné.

Par contre, et en dehors de sa vieille église qui ne tardera pas à disparaître, les monuments publics n'offrent rien de remarquable.

Sur le plateau nord qui domine la ville on voit la ferme de l'Hôpital qui a appartenu aux Templiers.

Après Coulommiers, le Grand-Morin, déjà puissant, reçoit

encore les eaux de plusieurs ruisseaux dont le plus important est la rivière d'Aubetin; il fait mouvoir un grand nombre de moulins et usines jusqu'à son embouchure.

La vallée qu'il parcourt est excessivement fertile. L'aspect n'est plus le même qu'en amont. Le paysage s'anime, et dans les plus petits coins des arrière-vallées formées par le cours sinueux de la rivière, on aperçoit de coquettes villas qui sont de délicieux séjours dans la belle saison. Les châteaux de Guérard, de Dammartin, de Sainte-Avoye, de la Chapelle-sur-Crécy, etc., enfouis dans des nids de verdure, protégés des vents du nord par de hautes futaies où la couleur sombre des pins se mêle aux tons argentés des bouleaux, sont des demeures enviables.

Les coteaux couverts d'arbres fruitiers de toutes espèces sont couronnés de villages formant une ceinture à la vallée.

A Courtalin, le Grand-Morin alimente la fabrique de MM. Favier et Desclercs où d'ancienneté « soulois avoir molin à papier », renommé il y a bientôt un siècle par les papiers fabriqués par la famille Odent.

A la Celle, la rivière baigne les ruines de l'ancien monastère dont il ne reste plus qu'un seul vestige (une grande colonnade) recouvert de lierre. Il rejoint ensuite Guérard qu'il contourne en formant une presqu'île très accentuée.

Plus on descend le cours de la rivière, plus le paysage devient joli, et rien n'est plus pittoresque que les coteaux de Montbrieux, des Vallières, des Landys, les rochers de Serbonne, etc.

Au tournant du village de Serbonne on aperçoit la belle église de la Chapelle-sur-Crécy, classée parmi les monuments historiques.

On arrive ensuite à Crécy, agréable petite ville dépendant anciennement du domaine royal, aujourd'hui chef-lieu de canton de l'arrondissement de Meaux, dont le territoire ne s'étend pas au delà du cours d'eau qui l'enserre de toutes parts. Rien de plus charmant que les villages de Villiers-sur-Morin où habitent l'été des colonies d'artistes, du Souterrain au pont de Villiers, dont les murs de l'auberge ont été illustrés de scènes curieuses par des peintres renommés; de Pont-aux-Dames, séjour de la Du Barry, où les comédiens succédant aux religieuses d'autrefois ont fondé récemment une maison de retraite pour ceux d'entre eux qui, devenus vieux, sont tombés dans le besoin; de Couilly, de Saint-

VUE GÉNÉRALE DE LA VILLE DE COULOMMIERS

Germain, et, non loin de là, le château de la famille de Reilhac où, en 1870, aux heures angoissées de la défaite, Jules Favre vint sans succès discuter avec le chancelier de Fer, des conditions de la paix; enfin Esbly sur la grande voie ferrée de Paris à Metz, coquettement bâti dans l'angle formé par la rencontre de la Marne et du Grand-Morin.

Une promenade sur les bords du Grand-Morin entre Coulommiers et Esbly est très agréable. Tout vous intéresse, tout vous attire : les usines en pleine activité vous montrent la richesse de la vallée. En côtoyant la séduisante rivière, vous avez la sensation de la fertilité, de l'industrie et des ressources du pays qu'elle arrose. Le Morin serpentant dans de grasses prairies semble sommeiller dans un lit de verdure. Son cours n'est troublé que par les chutes d'eau des usines et des moulins qu'il fait mouvoir. Ne vous y fiez pas : sous sa béate tranquillité, le Grand-Morin cache de noirs desseins : que des pluies de quelque durée surviennent, il paraîtra s'en accommoder aisément, mais qu'elles persistent, il est pris tout à coup d'un accès de mauvaise humeur, il s'élance hors de son lit, bondit à travers les prairies et promène ses eaux furieuses dans toute la vallée, renversant les obstacles qui tentent de l'arrêter dans sa course déréglée, déracinant les arbres, en un mot laissant partout sur son passage des traces de dévastation. Cependant, si sa colère est subite, elle est aussi vite calmée, et il rentre dans son lit pour se reposer après ses méfaits accomplis. Il est vrai qu'il faut lui pardonner un peu, d'avoir déposé sur les prairies inondées un limon fertilisateur où les vaches laitières des villages voisins trouveront une nourriture abondante et savoureuse qui donnera aux fromages tirés de leur lait des qualités exquises justement réputées.

Gués. — Ponts, etc.

Dans les temps reculés, la traversée des rivières se faisait en certains endroits déterminés, où le lit du cours d'eau était peu profond et facilement accessible de chaque rive. Ces passages ou gués étaient assez répandus sur le Grand-Morin. On a des preuves qu'il en existait un à Couilly appelé le gué aux pourceaux, un à Rézy, un à l'aval de la passerelle de Prémol qui subsiste encore et est utilisé, non sans danger, par les attelages qui se rendent d'une rive à l'autre.

Il y en avait encore un près du moulin de Genevray, appelé le gué aux chanvres, un à l'emplacement du pont de Guérard : Vadum Gueraldis. Il y en avait probablement un à Pommeuse et un autre à Pontmoulin dans le prolongement des voies romaines qui aboutissaient en ces points; un autre près du moulin des Deux-Moulins ou de Sainte-Marie, appelé au XVIIe siècle, le gué Josson; il en existait beaucoup d'autres encore en remontant le cours de la rivière.

Ces passages à gué n'étant pas toujours exempts de dangers, on les supprima progressivement et on les remplaça d'abord par des ponts de bois, puis par des ponts en maçonnerie ou en fer.

Aujourd'hui nous ne connaissons que le gué de Prémol (commune de Guérard) dont on se sert encore.

Les premiers ponts qui les remplacèrent ont subi les vicissitudes inhérentes à toute œuvre humaine, soit qu'ils tombassent de vétusté, soit qu'ils aient été détruits par le fait des guerres. Ils ont tous été reconstruits.

Les besoins de la circulation augmentant sans cesse, on en construisit de nouveaux. A l'heure actuelle le fer a remplacé le bois et la pierre, sans cependant que la sécurité en ait été augmentée, ou que le paysage y ait gagné.

Nous donnons ci-après une liste des ponts principaux établis sur le Grand-Morin avec la date et le mode de leur construction :

Pont de Condé-Sainte-Libiaire. — Pont en maçonnerie, avec tablier en bois de 16 m. 70 d'ouverture.

Construit en 1831 par un concessionnaire pour le passage du chemin de grande communication n° 85. Reconstruit en 1872 et racheté en 1883 par la commune de Condé-Sainte-Libiaire.

Pont d'Esbly. — Pont en ciment armé construit en 1898, en remplacement d'un pont en fer, construit en 1859.

Pont de Couilly ou Saint-Germain-lès-Couilly. — Pont en maçonnerie à 4 arches surbaissées de 27 m. 80 de débouché. Construit en 1845.

Pont du chemin de fer. — Construit en 1901 pour le passage de la ligne ferrée d'Esbly à Crécy. Pont en maçonnerie à 2 arches biaises surbaissées, de 28 mètres d'ouverture totale.

Pont de Villiers-sur-Morin. — Pont en bois sur le chemin de grande communication n° 8, à 2 arches de 22 mètres d'ouverture totale, construit en 1840. On va procéder très prochainement à sa réfection.

Ponts à l'entrée et à la sortie de Crécy. — Sur le brasset circulaire (route nationale n° 34). Ponts en maçonnerie de 6 mètres d'ouverture avec voûte surbaissée. Reconstruits en 1843 et 1844.

Pont Dame-Gilles à Crécy. — Route départementale n° 35. Pont en fer de 19 m. 85 d'ouverture; construit en 1898 en remplacement d'un pont avec tablier en bois construit en 1848.

Pont de Rézy. — Chemin vicinal ordinaire n° 4 de la commune de Tigeaux. Pont en fer avec poutres en treillis de 24 mètres d'ouverture; construit en 1886 en remplacement d'un bac.

Pont de Coude. — Chemin vicinal ordinaire de Guérard à Dammartin. Pont en fer avec poutres à treillis de 21 m. 40 d'ouverture. Construit en 1904.

Pont de Guérard. — Chemin n° 20. Pont à tablier métallique à 2 ouvertures de 18 m. 65 d'ouverture chacune. Construit en 1893, en remplacement d'un ancien pont en maçonnerie de 7 arches d'un débouché total de 29 m. 50 construit en 1751-1755.

Pont de la Celle. — Pont en maçonnerie de 7 arches donnant un débouché linéaire de 35 m. 40 (chemin vicinal ordinaire n° 1).

Pont de Tresmes. — Chemin de grande communication n° 25. Pont en maçonnerie formé de 7 arches en plein cintre donnant un débouché total libre de 27 m. 90. Reconstruit en 1854, en remplacement d'un ancien pont construit vers 1553.

Pont de Pommeuse. — Route départementale n° 16. Pont à tablier métallique de 20 m. d'ouverture; reconstruit en 1902 en remplacement d'un pont en bois construit en 1855.

Pont de Mouroux. — Chemin de grande communication n° 44. Pont à tablier métallique de 18 m. 50 d'ouverture; construit en 1893 en remplacement d'un ancien pont avec tablier en bois.

Pont de décharge à Mouroux. — Pont à tablier métallique de 15 m. 50 d'ouverture; construit en 1893.

Pont de Coubertin. — Chemin vicinal ordinaire n° 3. Pont en fer de 10 mètres d'ouverture construit en 1896.

Pont de Coubertin. — Chemin vicinal ordinaire n° 13. Pont en fer de 13 m. 30 d'ouverture; construit en 1891.

Pont de Boulogne. — Route nationale n° 34. Pont en maçonnerie formé de 3 arches en anse de panier mesurant 5 m. 35, 5 m. 98 et 5 m. 27 de largeur. Construit en 1768.

Pont du Moulin-des-Prés. — Chemin vicinal ordinaire n° 3. Pont en fer à poutres à treillis de 15 mètres d'ouverture; construit en 1897.

Pont de Provins sur la fausse rivière à Coulommiers. — Route nationale n° 34. Pont en maçonnerie formé de 2 arches de chacune 6 m. 10 de corde; construit en 1868.

Pont de la Ville à Coulommiers. — Route départementale n° 1. Pont formé de 3 arches en maçonnerie en arc de cercle de chacune 3 m. 80 de corde; construit en 1857.

Pont de Pontmoulin. — Chemin vicinal ordinaire n° 4 de Coulommiers. Pont en fer à poutres à treillis de 18 m. 55 d'ouverture; construit en 1897.

Pont de Boissy ou de Sainte-Marie. — Chemin de grande communication n° 37. Pont à tablier métallique à poutres droites de 18 mètres d'ouverture; construit en 1882.

Pont du moulin de Boissy. — Chemin vicinal ordinaire n° 3 de Boissy à Chailly. Pont à tablier métallique à poutres à treillis, de 10 m. 50 d'ouverture; construit en 1904.

Pont de Chauffry. — Pont à deux arches en maçonnerie, restauré en 1902.

Pont de Saint-Siméon ou de la Vanne. — Chemin de grande communication n° 55. Pont à tablier métallique à poutres droites d'une ouverture de 15 m. 50; construit en 1892.

Pont du moulin du Pont (Saint-Remy). — Chemin vicinal ordinaire

PONT DE VILLIERS-SUR-MORIN

n° 1. Pont à tablier métallique d'une ouverture de 13 mètres; construit en 1896.

Pont du Gué-Blandin. — Chemin vicinal ordinaire n° 5, Jouy-sur-Morin. Pont à poutres en fer à treillis de 11 m. 03 d'ouverture; construit en 1894.

Pont de Jouy-sur-Morin. — Chemin n° 66. Pont en maçonnerie à 3 arches en arc de cercle de 4 m. 80 d'ouverture chacune, construit en 1867.

Pont de Jouy sur la fausse rivière. — Chemin n° 66. Pont en maçonnerie à 2 arches en arc de cercle de chacune 2 m. 50 d'ouverture; construit en 1867.

Il existe encore les ponts de la Chair-aux-Gens, de la Ferté-

Gaucher, de Saint-Martin-des-Champs, de Cormeaux, de la Chapelle-Véronge, de Meilleray; deux ponts pour le passage de la ligne de Coulommiers à Esternay, de Mœurs, et quelques ponts pour le passage de la même ligne. Tous ces ponts ont des ouvertures variant de 9 à 11 mètres

CHAPITRE II

Hydrologie. — Bassins. — Sources. — Ruisseaux. — Pluies. — Inondations. — Défrichement, etc.

Au point de vue géologique, le Grand-Morin coule dans le terrain tertiaire inférieur gypseux; sur ses rives se sont déposés les alluvions modernes et quelques éboulis provenant des coteaux voisins; au-dessus, on trouve les sables moyens, le calcaire grossier, le calcaire lacustre, les marnes vertes, les argiles à meulière et enfin au sommet, sur les plateaux, le limon. On rencontre également, disséminés à la surface, quelques mamelons isolés formés des sables de Fontainebleau, derniers vestiges du terrain supérieur que les eaux diluviennes n'ont pu entraîner dans leur retraite.

Au point de vue physique, la configuration générale de la vallée et des terrains constituant le bassin du Grand-Morin n'a pas dû varier sensiblement, depuis un grand nombre d'années.

En ce qui concerne les changements que cette rivière a pu subir, ils ne sont pas importants et à part les dérivations existant aux abords des moulins et usines qui ne sont en général que des bras naturels du cours d'eau dont on a tiré parti lors de l'érection de ces établissements, nous ne connaissons que les suivants :

1° La branche alimentaire qui conduit les eaux du Grand-Morin dans le canal de Chalifert dont la longueur est de 3 398 mètres avec une largeur de 10 mètres en plafond, de

La largeur des chemins de halage est de 6 mètres. Sa création remonte à l'époque de la construction du canal de Meaux à Chalifert, c'est-à-dire en 1846.

2° Le brasset qui limite au nord la ville de Crécy et les deux autres petits brassets qui sont dans l'intérieur de la ville. Leur existence remonte au commencement du XIIe siècle, où Hugues de Montléry, seigneur de Crécy, fit entourer la ville d'un fossé alimenté par les eaux de la rivière et creuser les deux brassets du moulin et du pont Court; il fortifia ensuite la ville d'une ceinture double de formidables remparts, flanqués de 99 tours qui ont disparu presque totalement.

3° Les brassets situés dans la ville de Coulommiers, dont le plus ancien, le brasset des Religieuses, paraît remonter au temps déjà reculé où la ville de Coulommiers n'était qu'une simple bourgade, dont les premiers habitants, pour se mettre à l'abri des fauves ou de leurs semblables, creusèrent le brasset en question qui porta successivement les noms de brasset Brenneur, de la Tour, de la Ville et enfin des Religieuses. Il prend naissance un peu au-dessus du moulin de l'Arche, passe à proximité de la vieille église qui va bientôt disparaître, derrière l'hôtel de ville et va rejoindre à peu de distance de là, le cours principal de la rivière.

Pendant de longs siècles, Coulommiers resta enserrée dans l'île ainsi formée, mais la population, en augmentant sans cesse, força les habitants qui s'y trouvaient mal à l'aise, à construire un pont sur le bras principal et à s'établir sur la rive gauche du Grand-Morin.

Plus tard, sous l'impulsion féconde de ses seigneurs, les comtes de Champagne, le mouvement commercial de la bourgade devenue ville, se développa et, lorsque vers 1170, l'un d'eux, Henri Ier, comte de Champagne, fit creuser le brasset des Tanneurs et venir de Troyes des ouvriers de cette industrie, la ville prit un développement important qui força sa population toujours grandissante à se répandre en dehors de ses limites, dans la vallée qui s'étendait à cette époque à gauche de la ville.

Plus tard, vers le commencement du XVIIe siècle, aux deux dérivations dont nous venons de parler vient s'en ajouter une troisième. Elle commence à Pontmoulin, passe à l'extrémité du faubourg de Provins, à la Belle-Croix et va rejoindre le Grand-Morin à proximité du pont de Boulogne. Elle est désignée aujourd'hui sous le nom de fausse rivière et reçoit les eaux d'un petit ruisseau qui écoulait autrefois les eaux du coteau du côté des Parrichets.

Les débordements du Grand-Morin sont fréquents et d'autant plus dangereux qu'ils sont subits, et ses incursions dans les prairies et dans l'intérieur de Coulommiers ont toujours préoccupé ses habitants; afin d'en restreindre les effets, l'un des seigneurs de Coulommiers fit curer cette troisième et dernière dérivation en 1622.

Dans l'intérieur de la ville certains propriétaires ont également fait creuser quelques petits canaux, mais ils sont peu importants.

La longueur du Grand-Morin, de son origine dans les bois de Mondement, à son embouchure dans la Marne à Esbly, est de 120 km. 163, dont 43 km. 390 dans le département de la Marne et 76 km. 773 dans Seine-et-Marne, sur lesquels 17 km. 400 sont navigables ; mais en fait la navigation ne s'y exerce plus, depuis l'établissement de la branche alimentaire du canal de Chalifert, que sur 13 kilomètres.

Son bassin, qui s'étend sur 111 communes, dont 28 dans la Marne et 83 dans Seine-et-Marne, est d'environ 118 000 hectares : 33 000 dans la Marne avec une population de 10 000 habitants, soit 33 habitants par kilomètre carré, et 85 000 hectares dans Seine-et-Marne avec 48 000 habitants, soit plus de 56 habitants par kilomètre carré.

Si on juge par ces chiffres de la richesse de la vallée du Grand-Morin, on voit qu'elle est, dans le département de Seine-et-Marne, presque double de celle du département de la Marne. Du reste le prix de la location des terrains qui révèle la richesse d'un pays, va toujours en augmentant de l'origine du cours d'eau à son embouchure, et l'hectare qui se loue 25 francs dans le département de la Marne, atteint jusqu'à 120 francs vers Crécy.

L'eau de cette rivière est froide et un peu dure ; elle renferme quelques traces d'iode, son titre hydrotimétrique varie autour de 25° ; elle est d'ailleurs très appréciée pour diverses industries, telles que la tannerie, la mégisserie, la fabrication du papier.

De nombreuses espèces de poissons vivent et prospèrent dans le Grand-Morin. On y rencontre comme poissons sédentaires : la perche, le cabot, l'épinoche, la brème, le barbeau, le vairon, le chevenne, le rotangle, le gardon, la vandoise, la tanche, la carpe, le goujon, la loche de rivière et le brochet; parmi les poissons migrateurs nous ne connaissons que l'anguille.

L'écrevisse a totalement disparu.

Diverses tentatives de réempoissonnement de la rivière ont été faites, croyons-nous, au cours de l'année 1864, par les soins de Mme Roy de Coulommiers. Cette dame a élevé et fait immerger dans le Grand-Morin un assez grand nombre de saumons, de truites des lacs, de truites saumonées et d'ombres-chevaliers.

Nous n'avons pas entendu dire que ces essais aient été couronnés de succès.

Deux autres essais de réempoissonnement ont été tentés : le 1er, en octobre 1898, par la Société pisciphile de Coulommiers; le second, en mars 1905, par le service de la navigation qui a immergé 10 000 alevins de truites en amont des barrages de Quintejoie, Couilly et Pont-aux-Dames. Mais nous doutons fort du succès, à raison des eaux nocives qui sont constamment déversées dans la rivière par certaines usines.

La police de la pêche est aujourd'hui confiée au service des Eaux et Forêts ; nous doutons que la surveillance que peuvent exercer les quelques rares agents forestiers résidant dans la contrée, ainsi que leur aptitude très contestable en pisciculture, produisent des résultats appréciables au point de vue de la reproduction et de la protection du poisson. Pour arriver à des résultats sérieux, il faudrait charger de cette mission des agents spéciaux, choisis et instruits dans cette science; sans cela, la surveillance sera toujours illusoire et on n'aboutira à rien.

D'un autre côté, la police des eaux est exercée par le service des Ponts et Chaussées. De là certains tiraillements entre les deux services, lorsqu'il s'agit de prendre des mesures pour assurer, soit l'écoulement des eaux, soit la conservation du poisson.

On ne comprend pas cette division de l'autorité.

La loutre a toujours vécu sur les bords du Grand-Morin et y commet de nombreuses déprédations.

Le martin-pêcheur et quelques oiseaux aquatiques : la poule d'eau, la sarcelle, s'y rencontrent assez fréquemment. On y voit aussi quelquefois, pendant les hivers rigoureux, des canards sauvages.

Nous avons dit qu'en raison de la nature imperméable du sol qui constitue les plateaux compris dans le bassin du Grand-Morin, celui-ci était par excellence un cours d'eau torrentiel à crues subites et violentes dont les débordements causent des dégâts considérables dans la vallée. C'est ce qui explique d'ailleurs la variabilité de son débit qui, vers son embouchure, n'étant à l'étiage que de 2 à 3 mètres cubes par seconde, atteint jusqu'à 400 mètres cubes dans certaines crues. Ces effets se sont encore aggravés et s'aggravent tous les jours depuis plusieurs siècles par suite des défrichements successifs et sans discernement des grands bois qui couronnaient autrefois les plateaux de la Brie : tels, que les bois de l'Aumônerie, de la Grange, des Hutéreaux, des Noues, etc., aux environs de Rebais; de l'Essarmoy, du bois Jacquin, du bois Franc, de la trouée de Saliboux, etc., aux environs de Saint-Germain-sous-Doue; des bois de Morillas (commune de Maisoncelles), dont il ne reste plus que quelques lambeaux.

En effet, au moyen âge, la Brie était couverte de grands bois que les moines ou les propriétaires ont successivement fait défricher, et on trouve un grand nombre de chartes de cette époque portant concession de bois : ad essartandum (à défricher).

Le desséchement des nombreux étangs qui existaient avant la Révolution, les nombreux drainages qu'on a exécutés en assainissant la contrée, concourent avec les défrichements, à faire du cours d'eau assez tranquille d'autrefois, une rivière torrentielle dont les débordements sont toujours à craindre.

On cite au XVIIIe siècle de graves inondations; en 1703-1704 elles emportèrent à deux reprises différentes le pont Dame-Gilles à Crécy. En 1787, les eaux détruisent le pont de la Ferté-Gaucher. On peut signaler encore parmi les inondations les plus importantes du Grand-Morin celles de 1853, de 1859-1860; de 1860-1861, de 1866, de 1876, de 1881, de 1882-1883, de 1899. Toutes ont causé des désastres considérables et ont eu pour les habitants des villes des suites désagréables en rendant les habitations humides par le séjour prolongé des eaux et des dépôts limoneux qu'elles y ont laissés.

Cet état de choses se fait surtout sentir dans la ville de Coulommiers. En effet, lors des crues importantes, une grande partie de la ville est envahie par les eaux; aussi depuis longtemps, ses habitants et l'administration se sont-ils préoccupés de chercher un remède à une situation aussi préjudiciable à leurs intérêts.

A la suite de l'inondation considérable de 1853, on fit appel au service des Ponts et Chaussées pour étudier les voies et moyens d'éviter, à Coulommiers, le retour de pareils faits. Celui-ci présenta de 1861 à 1884 divers projets. Ils furent soumis à la municipalité et aux habitants qui y firent des objections, tantôt sur le choix du moyen employé, tantôt sur la part contributive qui leur était demandée et qui allait naturellement en augmentant au fur et à mesure que des constructions s'élevaient dans les endroits où devaient s'exécuter les travaux prévus. Bref on ne fit rien et l'affaire en est restée là. Il faut convenir que depuis trois siècles, la ville n'a su se résoudre à faire quoi que ce soit pour préserver ses habitants des débordements du Grand-Morin malgré que l'administration supérieure ait fait tout son possible pour l'aider dans cette tâche.

Pendant l'époque tourmentée de la Révolution, des propriétaires de moulins, peu scrupuleux d'ailleurs, profitant du désarroi qui existait dans toutes les administrations, rehaussaient à qui mieux mieux, déversoirs et autres ouvrages régulateurs, sans se soucier des inconvénients qui allaient résulter de leur façon d'agir; d'autres propriétaires élevèrent sans autorisation de nouveaux moulins et il fallut toute la fermeté et l'énergie des agents du gouvernement pour réprimer tous ces abus; des déversoirs furent abaissés, des moulins démolis; mais malgré ces mesures coercitives, il en résulta néanmoins une surélévation presque générale du plan d'eau de la rivière. Si on ajoute à cela l'incurie et le mauvais vouloir de certains usiniers, on pourra juger de ce qu'un pareil état de choses offrait de gravité au moment des crues.

En haut lieu on se rendait parfaitement compte de la situation et on tentait chaque fois que l'occasion s'en présentait de régulariser l'écoulement des eaux, en réglementant chaque usine individuellement; mais ce n'était là qu'un palliatif insuffisant et, plus le temps s'écoulait, plus il devenait nécessaire de prendre une mesure radicale; c'est alors que sur les plaintes réitérées des villes de la Ferté-Gaucher, Coulommiers, Crécy, le préfet prit, à la date du 12 juin 1849, un arrêté[1] portant qu'il « serait procédé d'office, dans la partie

1. *Nous, Préfet du département de Seine-et-Marne,*

Vu le rapport daté du 31 mai dernier, dressé par M. l'Ingénieur attaché au service des desséchements, irrigations et usines à la résidence de Melun et contenant la proposition de procéder à une enquête générale sur la question de règlement des usines de la rivière du Grand-Morin dans l'arrondissement de Coulommiers;

Vu l'avis de M. l'Ingénieur en chef chargé de ce service;

Vu l'instruction ministérielle du 19 thermidor an VI;

Considérant qu'il importe de régulariser les opérations d'étude des usines du Grand-Morin par l'accomplissement de l'enquête prescrite par cette instruction;

ARRÊTONS :

ARTICLE 1er. — Il sera procédé d'office sur toute la partie du Grand-Morin comprise dans l'arrondissement de Coulommiers, aux études du règlement des

« du Grand-Morin comprise dans l'arrondissement de Cou-« lommiers, aux études du réglement des moulins et autres « établissements portant barrages qui ne sont pas réglés « et à la revision de titres réglementaires de ceux qui le « sont ».

Cette mesure, d'une utilité incontestable pour assurer le libre écoulement des eaux en temps de crue, souleva de très vives oppositions de la part de certains usiniers, mais l'administration préfectorale tint bon et le service ordinaire des Ponts et Chaussées qui fut chargé de cette mission se mit résolument à l'œuvre. C'était une entreprise considérable et de longue haleine qui fait honneur au personnel qui a su la mener à bonne fin.

Dans l'arrondissement de Meaux, on ne procéda à aucun travail d'ensemble de revision et l'existence légale reconnue de plusieurs usines fut considérée comme suffisante; cela est regrettable, car certains usiniers ne se privent pas de rehausser leurs déversoirs au détriment de leurs voisins.

Nous donnons ci-contre la date de l'autorisation réglementant chaque usine ainsi que la hauteur approximative de chute.

Nous ajouterons que les crues du Grand-Morin ont une grande influence sur celles des rivières de Marne et de Seine. Un service d'annonces de crues a été installé dans la vallée; deux stations ont été établies, l'une à la Ferté-Gaucher, l'autre à Pommeuse.

La hauteur d'eau qui tombe annuellement dans le bassin du Grand-Morin est d'environ 600 millimètres. Les pluies

moulins et autres établissements portant barrages qui ne sont pas réglés, et à la revision des titres réglementaires de ceux qui le sont.

Art. 2. — Expéditions du présent arrêté seront immédiatement transmises aux maires des communes de l'arrondissement de Coulommiers traversées par la rivière du Grand-Morin pour que, dans chacune d'elles, les conditions d'existence des moulins situés sur cette rivière, soient soumises aux enquêtes prescrites par l'instruction ministérielle du 19 thermidor an VI.

A Melun, le 12 juin 1849.

Pour le préfet empêché,
Le conseiller de préfecture,
Signé : Duclos.

NOMS DES MOULINS	DATE DE L'ARRÊTÉ DE RÉGLEMENTATION	HAUTEUR APPROXIMATIVE DE LA CHUTE
D'Esbly	Existence légale.	Inconnue.
Liarry	Ordonnance royale du 17 janvier 1822.	—
Quintejoie	Existence légale.	—
St-Germain-Couilly (Talmer)	A l'État.	—
Pont-aux-Dames (Arnould)	Existence légale.	—
Misère	—	—
Lassault (du Sault)	Ordonnance royale du 27 décembre 1844.	—
Drevault		—
Martigny	Ordonnance royale du 30 juin 1834.	—
Guillaume		—
Nicole	Décret du 5 juin 1810.	—
Villiers		—
Saint-Martin	Existence légale.	—
Crécy	—	—
La Chapelle-sur-Crécy	—	—
Serbonne	—	—
Tigeaux	—	1,10
Coude	13 septembre 1860.	1,17
Prémol	31 août 1860.	1,22
Genevray	17 novembre 1855.	0,62
Bicheret	—	0,96
Guérard	—	0,96
Sainte-Anne	Ordonnance royale du 22 février 1826 et décret du 24 novembre 1854.	1,49
La Celle	24 novembre 1854.	1,45
Bertrand	Pour mémoire.	»
Courtalin	2 mars 1855.	1,78
Tresmes	—	0,72
Pommeuse	31 juillet 1854.	1,13
Mouroux	4 avril 1851.	1,46
Moulin Neuf	—	1,25
Coubertin	21 mars 1853.	1,25
Triangle	23 février 1853.	1,26
Trochard	—	1,26
Des Prés	20 juillet 1853.	1,58
Grotteau	12 septembre 1853.	1,50
Les Religieuses	—	1,50
L'Arche	—	1,50
Pontmoulin	26 avril 1855.	1,67
Ste-Marie	3 février 1855.	1,90
Boissy	19 octobre 1835 et 8 mars 1852.	1,34
Corvelles	7 mars 1855.	0,84
Chauffry	16 septembre 1857.	1,48
La Vacherie	—	2,16
La Vanne	—	1,33
Des Prés	15 septembre 1857.	1,30
Saint-Denis	—	1,96
Du Pont	3 octobre 1851.	1,19
La Planche	30 novembre 1857.	1,86
Choisy	5 avril 1853.	1,79

NOMS DES MOULINS	DATE DE L'ARRÊTÉ DE RÉGLEMENTATION	HAUTEUR APPROXIMATIVE DE LA CHUTE
Nevers	25 avril 1849.	2,05
Crèvecœur (Gué-Blandin)	6 janvier 1857.	1,50
Marais (inférieur)	24 décembre 1853.	1,83
Marais (supérieur)		2,07
Faubourg de Jouy	19 décembre 1856.	1,30
Jouy	—	1,19
Chair-aux-Gens (1er)	31 décembre 1852.	2,30
Nageot	Pour mémoire.	»
Chair-aux-Gens (2e)	3 septembre 1856.	1,56
Ramonets	—	1,30
Petit-Montblin	30 mai 1851 et 14 mars 1855.	1,89
Grenouilles	30 mai 1851.	1,05
Janvier	24 janvier 1850 et 9 mars 1854.	0,74
La Ville	24 janvier 1850.	1,80
Maison-Dieu	26 novembre 1852.	1,92
Guillard	25 juillet 1856.	1,30
Saint-Martin	16 décembre 1856.	1,20
La Fosse	10 septembre 1855.	2,00
De Court	Pour mémoire.	»
Véronge	17 novembre 1855.	1,80
Meilleray	3 février 1855 et 31 août 1855.	1,16

sont généralement moins abondantes dans la vallée que sur les plateaux.

L'imperméabilité des terrains est la cause du très grand nombre de ruisseaux ou rus dont les eaux viennent se jeter dans le Grand-Morin. Ils sont presque tous à sec la plus grande partie de l'année.

Les sources y sont également très nombreuses et, à part celles de Lachy, Verdey, Mœurs, du moulin le Comte à Joiselle, de la Fontaille-Chailly, de la Bergeresse (commune de Saint-Germain-sous-Doue) et de Mauperthuis, on compte très peu qui fournissent de l'eau toute l'année.

Nous donnons ci-après un tableau qui comprend tous les cours d'eau du bassin du Grand-Morin, pérennes ou non, avec leur longueur, les communes traversées et un numéro permettant de les retrouver sur la carte que nous avons dressée.

État des Rus, Ruisseaux et Ravins dont les eaux se jettent dans la Rivière du Grand-Morin.

Nos D'ORDRE	DÉSIGNATION DES COURS D'EAU	LONGUEURS	COMMUNES TRAVERSÉES
	Département de Seine-et-Marne.		
		km. m. cm.	
127	Rivière du Grand-Morin. . . .	76.773	
128	Ru de Coupvray.	4.626,60	Coupvray et Esbly.
128bis	Ru de Courtouris	515	Coupvray.
129	Ru de Lochy	4.593	Magny-le-Hongre, St-Germain-lès-Couilly, Montry.
130	Ru de Courtalin.	707	Magny-le-Hongre.
131	Ru de la Sourde.	1.480	Magny-le-Hongre, St-Germain.
132	Ru du Pré de Bray	367	Magny-le-Hongre.
133	Ru du Corbier.	1.792	Quincy et Couilly.
134	Ru de Champigny.	4.327	Bouleurs, Quincy et Couilly.
135	Ru du Mesnil	7.365	Vaucourtois, Boutigny, Coulommes, Quincy et Bouleurs.
136	Ru du Châlot	640	Coulommes.
137	Ru Vignot.	985	Bouleurs.
138	Ru de Laitre.	795	—
139	Ru Bouton.	2.700	Coulommes et Bouleurs.
140	Ru de Mizère	1.228	Coutevroult, Villiers-sur-Morin et St-Germain-lès-Couilly.
141	Ru de Dainville	1.816,80	Coutevroult et Villiers.
142	Ru de St-Martin.	2.540,40	Villiers-sur-Morin.
143	Le Petit Ru	229	—
144	Ru du Pré Mulet.	533	—
145	Ru de Vaudessart	5.480	Sancy et la Chapelle-sur-Crécy.
146	Ru de la Fosse au Coq.	5.213,90	La Haute-Maison et la Chapelle.
147	Ru de l'Étang de la Borde. . .	3.864,80	Maisoncelles, La Haute-Maison.
148	Ru du Cul de Brie.	952	—
149	Ru du Pré de Noël	1.075	—
150	Ru du Château	1.051	—
151	Ru de Montgodfroy	1.380	—
152	Ru du Château	692	La Haute-Maison.
153	Ru de la Grelottière.	749	Sancy.
154	Ru de la Maison-Rouge.	807	—
155	Ru de Biche.	3.413,60	La Chapelle et Guérard.
156	Ru Dameron.	1.161	Voulangis.
157	Ru des Garennes.	1.189	Tigeaux.
158	Ru du Cul d'eau.	3.050	Voulangis et Tigeaux.
159	Ru de Bréal.	1.234	Dammartin-sur-Tigeaux.
160	Fossé du Chemin de Paris. . .	434,60	—
161	Ru de Binel.	5.616	Dammartin, Mortcerf et Hautefeuille.

Nos D'ORDRE	DÉSIGNATION DES COURS D'EAU	LONGUEURS	COMMUNES TRAVERSÉES
		km. m. cm.	
162	Ru de la Vente Rouge.	2.267	Dammartin.
163	Ru de la Baquette.	695	—
164	Ru de Pierre Sautée.	2.064	—
165	Ru de la Fontaine à Madame .	300	—
166	Ru de la Montblennerie	2.408	Mortcerf.
167	Petit ru de la Montblennerie. .	1.403,30	—
168	Ru du Gouffre.	2.614	Dammartin, Villeneuve-le-Comte.
169	Ru de l'Ortie	4.710	Villeneuve-le-Comte.
170	Ru du Bourdeaux	1.530	Villeneuve-le-Comte et Tigeaux.
171	Ru de la Touffe.	644	Dammartin, Mortcerf et Guérard.
172	Ru du Gouffre.	689	Mortcerf.
173	Ru de La Borde.	956	—
174	Ru Stangueuse	276	—
175	Ru du Vieux Chemin	328	—
176	Ru des Prêches	579	—
177	Ru de Pierre Fritte.	2.048	—
178	Ru de Bourbon	631	Crèvecœur.
179	Ru de Saint-Fiacre.	583	—
180	Ru du Pré Patin.	1.523	Dammartin.
181	Ru du Chemin de Paris	1.634	—
182	Ru de la Fontaine	637	—
183	Ru de la Fontaine Mallet. . . .	1.467	—
184	Ru du Lambois	1.541	—
185	Ru de La Conge.	1.062	Guérard.
186	Ru du Renard.	1.222	—
187	Ru Huillier	826	—
188	Ru Bourdon.	502	—
189	Ru de Bretagne	940	—
190	Ru de Moquetonneau	1.910	—
191	Ru de Rouilly-le-Bas.	1.596	—
192	Ru de Saint-Blandin.	890	Guérard, Maisoncelles.
193	Ru de Misement.	623	Guérard.
194	Ru de l'Étang Guérard.	2.138	Guérard, Maisoncelles.
195	Ru de la Tabournelle	474	Guérard.
196	Ru des Vignots	357	—
197	Ru Bricorne.	440	La Celle.
198	Ru des Ruelles.	395	—
199	Ru de la Pisserotte	425	—
200	Ru de la Maladrie.	1.465	—
201	Ruisseau Jacquot	210	—
202	Ruisseau de Montsavol.	164	—
203	Ruisseau de la Fontaine du Ménil.	124	—
204	Ru de la Fontaine de Courtalin.	160	Pommeuse.
205	Ru du Fay ou de la Rue Creuse.	1.160	—
206	Ru de la Fontaine de Bagras. .	265	—
207	Ru du Charnois ou de la Rue de Tresmes.	964	—
208	Ru de la Fontaine du Charnois.	524,30	—

Nos D'ORDRE	DÉSIGNATION DES COURS D'EAU	LONGUEURS	COMMUNES TRAVERSÉES
		km. m. cm.	
209	Ru de la Noiserie	1.500	Pommeuse et Faremoutiers.
210	Ru du Mont	980	Pommeuse.
211	Ruisseau de la Fontaine de Champoquet	282	—
212	Rivière d'Aubetin	54.973	Pommeuse, St-Augustin, Mauperthuis, Saints, Beautheil, Amillis, Dagny, Frétoy, Beton-Bazoches, Courtacon, Cerneux, Augers, Villiers-St-Georges.
213	Ru de la Justice	996,60	Pommeuse.
214	Ru de la Fontaine de Mondétour	303	—
215	Ru de la Merlande	710	—
216	Ru de Bisset	856	Pommeuse, St-Augustin.
217	Ru du Boutillier	1.257	—
218	Ru de la Bourriquette	412	Pommeuse et Faremoutiers.
219	Ru du Bois de Clément	604	St-Augustin.
220	Ru de la Longeolle	308	St-Augustin, Pommeuse.
221	Ru de la Fontaine du Champ-Pourcin	943	—
222	Ru de la Folie Bectard	376	St-Augustin.
223	Ru de la Jublette	464	—
224	Ru du Pré Fleuri	453	—
225	Ru du Crayon	1.341	—
225bis	Embranchement du ru du Crayon	580	—
226	Ru de la Fontaine du Pré Collard	596	—
227	Ru du Champ Roger	719	St-Augustin, Faremoutiers.
228	Ru de l'Oursine	3.354	St-Augustin, Mauperthuis et Saints.
229	Ru de Ste-Aubierge	652	St-Augustin, Faremoutiers.
230	Ru des Ebards	526	—
231	Ru du Cornet	1.027	Mauperthuis et Saints.
232	Ru Jambeau	259	Mauperthuis.
233	Ru de Saints	296	Saints.
234	Ru de Melmez	360	—
235	Ru Dagnel	534	—
236	Ru de la Roulotte	351,50	—
237	Ru de la Lœuf	2.052	—
238	Ru du Mont	2.344	Beautheil.
239	Ravin de Ste-Anne	800	—
240	Ruisseau de la Fontaine de Ste-Anne	195	—
241	Ru de la Planchette	1.171	—
242	Ru de Villers	2.180	—
243	Ru du Pré de Noël	2.187	Beautheil et Chailly.
244	Ru de la Fontaine Caillot	220	Beautheil.
245	Ru de la Cabane à Claude	220	—
246	Ru du Bois Creux	340	—
247	Ru d'Autheil	424	—

Nos D'ORDRE	DÉSIGNATION DES COURS D'EAU	LONGUEURS	COMMUNES TRAVERSÉES
		km. m. cm.	
248	Ravin du Bois Meunier.	915	Beautheil.
249	Ru du Bois de Grignedent . . .	314,50	—
250	Ru du Bois Jacquin	508	—
251	Ru de la Baquette.	1.513	Amillis.
252	Ravin de la Baquette.	491	—
253	Ru de Fontenelle.	2.310	—
254	Ru de la Tuilerie	394	—
255	Ru de l'Étang du Parc.	774	—
256	Ru de la Saccade ou de la Mardelle.	1.950	—
257	Ru du bois de l'Église	965	—
258	Ru du Cordran	928	—
259	Ru de Chevru.	7.401	Amillis et Chevru.
260	Ru de l'Étang de Fossé	1.189	Amillis.
261	Ru de Beaufour	1.118	—
262	Ru de la Garenne de Beaufour.	590	—
263	Faux Ru.	658	Chevru.
264	Ru des Aulnes.	1.394	—
265	Fossé du Charron.	210	—
266	Ru des Prés du Moulin.	966	—
267	Ravin de la Fontaine d'Argent.	485	Amillis.
268	Ru de la Fontaine Ramée. . . .	546	Dagny, Chevru.
269	Ru de St-Géroche	1.379	Chevru, Dagny.
270	Ru de la Fontaine du Batardeau.	90	Dagny.
271	Ru de la Fontaine de St-Martin.	280	—
272	Ru du Gué Châtre-chiens . . .	150	—
273	Ru du Gravin	1.222	Frétoy et Boisdon.
274	Ru de Chassefaim.	565	Frétoy, Beton-Bazoches.
275	Fausse rivière de Chassefaim. .	986	Beton-Bazoches.
276	Ru de Courbalain	531	—
277	Ru de la Grande Haie	3.017	—
278	Ru de la Fontaine de Vieux-Villard	2.637	—
279	Ru du Bois Thibœuf.	2.590	—
280	Fontaine de la Groue (disparue).	109	—
281	Ru de la Noël.	836	Beton-Bazoches et Boisdon.
282	Ru des Prés Thibœuf	700	—
283	Ru de Fontaine du Mont. . . .	2.968	Beton-Bazoches.
284	Ru des Grès.	1.321	—
289	Ru du Colombier	861	—
290	Ru du Bois Poignot	1.428	—
291	Ru de l'Orme	1.422	Beton-Bazoches et Courtacon.
292	Ru des Prieux.	3.794	Courtacon, Champcenest.
293	Ru du Grandurf.	1.516	Courtacon, Bezalles.
294	Ru de la Rue de Paris.	670	Courtacon, Beton-Bazoches.
295	Fontaine Gysienne.	140	Courtacon.
296	Ru de Cordevue.	2 435	Courtacon, Champcenest.
297	Ru des Pentes des Ferreux . .	422	Champcenest.
298	Ru de Courtacon	942	Courtacon.
299	Ru de Vauprêtre.	920	—

Nos D'ORDRE	DÉSIGNATION DES COURS D'EAU	LONGUEURS	COMMUNES TRAVERSÉES
		km. m. cm.	
300	Ru des Courtiat.	1.986	Courtacon et Cerneux.
301	Ru de Rongis	1.168	Cerneux et Courtacon.
302	Fontaine de Courbouzon. . . .	1.007	Courtacon.
303	Ru de Mez de Cerneux.	748	Cerneux.
304	Fontaine de Montglas	136	—
305	Fontaine du Clos des Vignes. .	133	—
306	Fontaine du Haut Pré	400	Cerneux, les Marets.
307	Fontaine du Gouffre.	284	—
308	Ruisseau de Baâle.	5.755	Cerneux, les Marets et Courchamp.
309	Ru de l'Abime.	800	Les Marets et Augers.
310	Ru de Sognolles.	1.582	Les Marets.
311	Petit Ru de Sognolles	280	—
312	Ru de l'Étang de la Demoiselle.	2.525	Les Marets et Courchamp.
313	Fontaine St-Hubert	414	Les Marets.
314	Ru des Essarts.	1.470	—
315	Ru de la Tuilerie de Fontaine Yot.	923	Les Marets, Champcenest.
316	Fontaine Pinçon.	385	Cerneux.
317	Ru des Arches.	840	Augers.
318	Ruisseau Puisé	3.935	Augers et Rupéreux.
319	Ru de Volmerot.	11.326	Augers, Cerneux, Sancy, St-Martin-du-Boschet et Montceaux.
320	Ru de la Grande Chaise. . . .	4.247	Cerneux, Sancy et Montceaux.
321	Ru du Vinaigre	3.467	Cerneux.
322	Ru de Savigny.	2.636	Cerneux, Sancy.
323	Ru de Liéchène	1.057	Sancy.
324	Fossé de la Tuilerie de Cerneux.	1.405	Cerneux.
325	Fossé du Chemin de Montmirail.	1.320	Sancy.
326	Ru du Fond de Bradelet. . . .	2.621	Sancy, St-Martin-du-Boschet.
327	Ru de Maisoncelle	624	St-Martin-du-Boschet.
328	Fontaine de Bradelet.	805	—
329	Ru de la Garenne.	1.726	Montceaux.
330	Ru de la Faillite.	1.469	St-Martin-du-Boschet.
331	Fontaine du Charme.	368	Montceaux.
332	Fontaine de Flaix.	3.290	Augers, Villiers-St-Georges.
333	Ru du Bois de Voulton	1.975	Villiers-St-Georges, Voulton.
334	Embranchement.	1.384	—
335	Fossé des Prés de Cœffrin. . .	415	Voulton.
336	Ruisseau de l'Éponge.	4.118	Augers, Villiers-St-Georges.
337	Fossé de Flaix.	2.085	Villiers-St-Georges.
338	Fossé du Ménil	1.817	—
339	Ru des Coquilles.	2.817	—
340	Ru de St-Bon	1.964	Villiers-St-Georges et Montceaux.
341	Canal du Moulin de Pont-Pierre.	600	Villiers-St-Georges.
342	Ru des Viviers.	1 026	Louan.
343	Ru des Pierres-Gaillard	2.104	—
344	Fossé du bois de Montaiguillon.	2.460	Louan et Fontaine-sous-Montaiguillon.

Nos D'ORDRE	DÉSIGNATION DES COURS D'EAU	LONGUEURS	COMMUNES TRAVERSÉES
		km. m. cm.	
345	Ruisseau de la Fontaine de Vaupleurs	420	Pommeuse.
346	Ru de la Fontaine de Montrenard	857	—
347	Ru de la Fontaine de la Gigardelle	945	Mouroux.
348	Ru du Liéton	5.400	Mouroux, Giremoutiers.
349	Ru du Merisier	1.233	Mouroux.
350	Ru de Bois-la-Ville	3.170	—
351	Ru des Prés de Boussois	414	—
352	Ru de la Grande Fontaine de Boussois	426	—
353	Ru des Petits Étangs	542	—
354	Ru de la Nombard	950	—
355	Fossé de la Montorie	1.789	Giremoutiers.
356	Ru de Morillas	2.899,50	Giremoutiers, Maisoncelles.
357	Ru de l'Étang de Francheville	1.528	Giremoutiers.
358	Ru de la Calabre (Liéton)	3.592	La Haute-Maison.
359	Ru de l'Épineuse	1.102	—
360	Ru d'Arcy	1.080	—
361	Ru Fumilier	1.783	Mouroux.
362	Ru des Courrois	109	—
363	Fausse rivière du Grand-Morin	3.789	Mouroux, Coulommiers.
364	Ru de la Fontaine de Vaux	1.450	Coulommiers.
365	Ru de Louchet	950	—
366	Ru du Bois de Roseau	680	—
367	Ravin de Montapeine	1.550	—
368	Fossé de St-Pierre	2.050	—
369	Ravin de la Malgagne	1.250	—
370	Ravin de l'Étang Mingaud	1.800	Coulommiers, Beautheil.
371	Ravin de Montigny	2.645	Coulommiers, Beautheil, Chailly.
372	Ru du Coutant	4.070	Chailly.
373	Ravin du Bois Vignier	528	—
374	Fossé des Bourbiers	623	—
375	Ru de la Sauvagère	1.170	—
376	Ru aux Loups	1.700	Coulommiers.
377	Ru du Champ Caillet	1.200	—
378	Ru de la Brise-Bêche	640	—
379	Ru du Rognon	9.452	Coulommiers, Aulnoy.
380	Ru du Chemin de l'Hôpital	1.500	Coulommiers.
381	Ru des Avenelles	5.750	Boissy, St-Germain, Doue.
382	Fossé Boite	640	St-Germain.
383	Ravin des Griets	785	—
384	Ru de la Fontaine des Griets	640	—
385	Ru du Nourricier	918	—
386	Ru de la Fontaine de Montberneux	120	—
387	Ravin de Montberneux ou de Champ Guyot	531	—
387bis	Ru du Champ Fève	250	—
388	Ravin de Malembout	469	—

Nos D'ORDRE	DÉSIGNATION DES COURS D'EAU	LONGUEURS	COMMUNES TRAVERSÉES
		km. m. cm.	
389	Ru de la Bergeresse.	1.334	St-Germain et Doue.
390	Ru de la Fontaine de l'Orme. .	70	St-Germain.
391	Ravin du Bois de la Guiche . .	337	—
392	Ru de la Fontaine de St-Germain.	550	—
393	Ru de l'Étang de la Motte. . . .	5.962	Doue.
394	Ru des Chaises.	733	—
395	Ru de la Fosse Rognon.	5.633	Doue et Rebais.
396	Ru du Chemin des Carrières. .	4.050	Doue et St-Denis.
397	Ru du Parc	1.565	Doue.
398	Ru de l'Aunoy.	617	—
399	Ru de Courgys.	4.250	Aulnoy.
400	Ru de Bourgogne	5.207	Jouarre.
401	Ru du Bois de la Homerie. . .	876	Aulnoy.
402	Ru du Saule-Gauthier.	1.294,40	—
403	Ru de la Fosse aux Prêtres. . .	1.202	Aulnoy, Giremoutiers.
404	Ru de l'Étang de St-Denis. . .	8.337	Jouarre, Pierre-Levée, la Haute-Maison.
405	Ru des Laquais	2.849	Jouarre et Pierre-Levée.
406	Ru de Hideuse.	4 339	—
407	Ru de la Grange Mercier . . .	3.462	Pierre-Levée.
408	Ru de Loupillon.	2.309	—
409	Ru de l'Étang de Joigny. . . .	432	—
410	Ruisseau du Champ Auger. . .	1.340	Boissy.
411	Ruisseau des Biaunnes.	1.051	—
412	Ruisseau de Boissy.	806	—
413	Fossé de la Prairie de la Bretonnière	300	Boissy et Chailly.
414	Ruisseau du Bois Margot. . . .	1.498	Boissy.
415	Ruisseau de la Bretonnière. . .	1.239	Boissy et Chailly.
416	Ru du Chemin.	1.117	Boissy.
417	Ruisseau de la Fontaine de la Pisserotte.	68	Chailly.
418	Ru des Brosses.	1.551	Boissy.
419	Ru des Bannots	1.723	Boissy, Chauffry.
420	Ru du Bois de Chauffry. . . .	1.092	Chauffry.
421	Ru de Charcot.	2.100	Chailly, St-Siméon.
422	Ru de Monthomé	541	Chauffry.
423	Fossé Boite	977	—
424	Ru du Bordeau	647	—
425	Ru de Raboireau	8.062	Chauffry, St-Denis, Rebais.
426	Fossé du Chêne Mort.	853	Chauffry, St-Siméon.
427	Ravin des Épinettes.	298	—
428	Ru du Bois Jeune	290	—
429	Ru de la Planche de la Brosse.	278	—
430	Ru de la Cacotte.	1.413	St-Denis.
431	Ru du Ménillot	530	—
432	Ru des Pleux	1.293	—
433	Ru de la Fontaine des Pleux. .	193	—
434	Ru du Champ Colin	550	—
435	Ru des Farrières	562	—
436	Ru du Vinot.	1.218	—

Nos D'ORDRE	DÉSIGNATION DES COURS D'EAU	LONGUEURS km. m. cm.	COMMUNES TRAVERSÉES
437	Ru de la Batte	476	St-Denis.
438	Ru de St-Aile	585	Rebais.
439	Ru de la Madeleine	479	—
440	Ru de Resbac	2.166	Rebais, St-Léger.
441	Ru du Gain des Noues	1.077	Rebais.
442	Ru du Pré de Monsieur	305	St-Léger.
443	Ru du Grand Fay	1.679	St-Léger et Rebais.
444	Ru des Étangs	1.490	St-Léger et Bellot.
445	Ru du Faubourg	977	Rebais.
446	Ru du Fossé Drillon	2.200	—
447	Ru Riquioux	594	St-Siméon.
448	Ru de la Fayterie	960	—
449	Ru de Vannetin ou de Piétré	17.041	St-Siméon, Marolles, Choisy, Chartronges, Leudon, Courtacon.
450	Ru de la Fontaine de St-Siméon	309	St-Siméon.
451	Ru de la Presles ou des Étangs	1.446	St-Siméon, Choisy.
452	Ru de Vanneau (St-Siméon)	3.225	St-Siméon.
453	Ruisseau de la Fontaine de la Ferme des Bordes	254	—
454	Ruisseau de la Fontaine des Bordes	224	—
455	Ruisseau de la Fontaine Parré	102	—
456	Ru Creux Fossé	1.204	Choisy.
457	Ru de la Brétonne	1.066	—
458	Ru de la Fontaine Villars	615	—
459	Ru du Vaux	1.098	—
460	Ruisseau de la Fontaine de Brunetot	257	St-Siméon.
461	Ravin du Poteau	849	—
462	Ru de la Pente de Piétré	740	Choisy.
463	Ru de la Fontaine des Prés de la Croix	503	Marolles.
464	Ru de la Brigandière	475	—
465	Ruisseau de la Fontaine de la Courte-Soupe	349	—
466	Ru de l'Étang Nodard	1.758	—
467	Ruisseau de Fouilly	205	—
468	Ru de St-Georges	1.165	—
469	Ravin des Préaux	1.165	—
470	Ruisseaux de la Rue de la Croix	202	—
470bis	Ru des Prés de Ranchiens	1.300	—
471	Ruisseau de la Fontaine de la Ferme	144	—
472	Ru de Non Gérard	832	—
473	Ru de Non Buisson	772	—
474	Ru de Maître Josse	562	Marolles et Choisy.
475	Ru de la Fontaine Blanche	188	Marolles.
476	Ravin de Nouhion	858	Choisy.
477	Ru des Prés Perron	847	—

Nos D'ORDRE	DÉSIGNATION DES COURS D'EAU	LONGUEURS km. m. cm.	COMMUNES TRAVERSÉES
478	Ru de l'Hommée	546	Choisy.
479	Ru de la Roche	1.606	—
480	Ravin du Clos Relot	434	—
481	Ru de la Fontaine Richon	120	—
482	Ru des Rieux	960	—
483	Ru de la Payenne	2.675	—
484	Ru de la Pierre Bourgeot	388	—
485	Ru d'Effondrées	984	—
486	Ru du Montcel	1.278	—
487	Ru des Gains aux Nions	369	—
488	Ru de la Fontaine du Clos	569	—
489	Ru de Rangeard	843	—
490	Ru des Queurses	1.379	Choisy, Chartronges.
491	Ru de la Fontaine des Queurses.	62	Choisy.
492	Ru du Bois du Troit	996	—
493	Ru de la Fontaine de Fricault.	700	—
494	Ru de la Fontaine Torcy	308	Chartronges.
495	Ru de la Fosse de Montcel	270	—
496	Ru des Gains de Chartronges	383	—
496bis	Ru du Bois des Plants	1.030	Leudon.
497	Ru des Grosses Marnes	1.429	Leudon, Beton-Bazoches.
498	Ru des Prés du Puits	795	Leudon, Courtacon.
499	Ru des Prés Picard	1.084	Courtacon.
500	Ruisseau de la Fontaine des Gains	495	St-Siméon.
501	Ruisseau de St-Siméon	236	—
502	Ru de Réveillon	3.405	St-Remy limitrophe avec St-Siméon.
503	Ru du Champ Maudin	420	St-Siméon.
504	Ru de la Moutarderie	880	St-Remy.
505	Fossé de Courtillot	233	—
506	Ruisseau des Folies	417	—
507	Ru de la Fontaine Chailly	535	—
508	Ru de la Pierre Blanche	1.885	—
509	Ru de Courru	6.586	St-Remy, Jouy, St-Léger et Bellot.
510	Ravin de la Presle	734	St-Remy.
511	Ru des Gravottes	315	—
512	Ru du Pré des Etourneaux	723	—
513	Ru du Bois de la Mégate	445	—
514	Ruisseau du Chemin de Rebais.	622	—
515	Ruisseau du Champ Rouget	650	—
516	Ru du bois St-Pierre	1.640	Jouy-sur-Morin.
517	Ravin de la Barre	420	—
518	Ruisseau de la Fontaine du Bois Brayer	161	St-Remy.
519	Ru du Bois Thibault	508	Jouy.
520	Ru des Prés Pinebard	1.205	—
521	Ru de Louveau	1.300	St-Remy et Jouy.
522	Ru de la Cave	605	—
523	Ru des Pendants	740	Jouy.

Nos D'ORDRE	DÉSIGNATION DES COURS D'EAU	LONGUEURS	COMMUNES TRAVERSÉES
		km. m. cm.	
524	Ru de la Rosée	807	Jouy.
525	Ru de l'Arche St-Jacques ou du Gué Blandin	865	—
526	Vieux Ru ou ru du Prest. . . .	690	—
527	Ru de la Garenne	1.070	—
528	Ru des Fossés de la Poterne . .	1.008	—
529	Ru de la Hamoche.	645	—
530	Ravin d'Houssois.	985	—
531	Ravin du Champ des Charmes.	354	—
532	Ru de la Michée (des Pendants dans la partie supérieure). . .	2.440	—
533	Ru de la Noue.	825	Jouy et la Ferté-Gaucher.
534	Ru des Rieux ou de Laval. . .	1.825	Jouy.
535	Ru du Pré Meignon	300	—
536	Ru de Timbard	1.300	La Ferté.
537	Ru de Cordelin	2.670	—
538	Fossé de Champaugrain	447	—
539	Ru de Champarmoy	1.012	—
540	Ru du Vallot	4.380	La Ferté et St-Barthélemy.
541	Ru de La Frévillard.	900	—
542	Ru du Bois de la Courterie. . .	115	La Ferté.
543	Ru des Petits Prés.	294	—
544	Ru du Fond du Vallot	301	—
545	Ru du Chemin Huchette. . . .	373	—
546	Ru du Fond du Pré Gillot . . .	107	—
547	Ru du Bois Houé.	235	—
548	Ru de la Haute Voisine.	905	—
549	Ru du Fonceau	889	—
550	Ru du Jarriel	702	La Ferté, St-Barthélemy.
551	Ru de Chambrun	1.425	La Ferté.
552	Ru de la Fontaine du Bois Coupe-oreilles.	280	—
553	Ru de la Foulonnerie	1.994	La Ferté, St-Martin-des-Champs.
554	Ru de la Fontaine de la Foulonnerie.	69	—
555	Ru du Chaudron.	3.990	—
556	Ru de Cralard.	572	—
557	Ru du Pré Roc.	530	St-Martin-des-Champs.
558	Ravin de la Fontaine de Flégny.	590	—
559	Ru de l'Écorcherie.	388	La Ferté-Gaucher.
560	Ru de la Bégonnerie.	600	—
561	Ru des Ruelles.	155	—
562	Ru des Rossignols.	970	—
563	Ru de la Commanderie.	1.631	La Ferté-Gaucher, St-Martin-des-Champs.
564	Ru de St-Mars.	7.580	La Ferté, St-Martin, St-Mars, Vieux-Maisons, Pierrelez.
565	Ru de la Bruyère	920	La Ferté.
566	Ru des Granges	1.951	—

Nos D'ORDRE	DÉSIGNATION DES COURS D'EAU	LONGUEURS	COMMUNES TRAVERSÉES
		km. m. cm.	
567	Ru de la Maisonnette	372	St-Martin-des-Champs.
568	Ru de Potière	775	St-Martin-des-Champs.
569	Ru des Bougies	1.595	La Ferté.
570	Ru du Ménil ou de la Mazure. .	1.508	St-Mars.
571	Ru de la Fontaine des Creux. .	283	—
572	Ru du Froment	1.546	—
573	Ravin des Marnières.	769	St-Mars et Lescherolles.
574	Ru d'Enfer.	1.395	—
575	Ravin de la Feuillarde.	1.030	St-Mars.
576	Ru de Fontenelle	3.376	—
577	Ru de la Canivotte.	1.744	—
578	Ru des Notes	830	—
579	Ru du Bois de la Fontaine. . .	212	—
580	Ravin de l'Ile Vannier.	285	—
581	Ru de Vauvard	1.360	—
582	Ravin de Plume Coq.	421	—
583	Ru des Halains	650	—
584	Ravin du Parc.	823	—
585	Ru du Petit Pré de Vauvard. .	479	St-Mars et Courtacon.
586	Ravin des Prés neufs	1.045	St-Mars.
587	Ru de la Fontaine de Corvosne.	463	—
588	Ru des Hantes.	2.189	Vieux-Maisons et Cerneux.
589	Fontaine Ste-Colombe.	157	Vieux-Maisons.
590	Ru du Pont de l'Etang.	488	—
591	Fontaine de Vieux-Maisons. . .	308	—
592	Ru Chamerot	2.284	Vieux-Maisons, Cerneux.
593	Ru de la Fontaine Grand-Pré. .	281	Vieux-Maisons.
594	Fontaine Rose	470	—
595	Fontaine Hardouin.	211	—
596	Ru du Bois des Loups	1.120	—
597	Fontaine du Bois des Loups. .	170	—
598	Ru des Trois Moines.	1.383	Courtacon.
599	Ru des Veaux Verts.	1.254	Cerneux, Courtacon.
600	Ru de la Mardelle	975	Courtacon.
601	Ru des Bécheriaux	816	St-Martin-des-Champs.
602	Ru de Montgareux.	1.154	—
603	Ravin du Moulin Guillard . . .	486	—
604	Ru du Château Guillard	650	—
605	Ru de St-Martin.	1.838	—
606	Ru de Franchin	3.480	St-Martin, Lescherolles.
607	Ru du Bois des Brosses	1.057	Lescherolles.
608	Ravin des Bréaux	731	—
609	Ru de la Pâture	2.450	—
610	Ravin de la Gloyère.	550	—
611	Ru de Drouilly	10.340	Lescherolles, Moutils, La Chapelle-Véronge, St-Martin-du-Boschet.
612	Ru des Ouches.	1.467	La Chapelle-Véronge.
613	Ru de Rouget.	1.140	—
614	Ru des Pièces de Vaulevrault. .	965	St-Martin-du-Boschet et la Chapelle-Véronge.

Nos D'ORDRE	DÉSIGNATION DES COURS D'EAU	LONGUEURS	COMMUNES TRAVERSÉES
		km. m. cm.	
615	Ru du Bois de l'Avocat.	2.300	St-Martin-du-Boschet et Sancy.
616	Ru du Bois de Notre-Dame. . .	1.743	St-Martin-du-Boschet, Sancy, Pierrelez.
617	Fontaine de Villeneuve.	119	Pierrelez.
618	Fontaine Haut-le-Prêtre (disparue)	140	Sancy.
619	Ru du Bois des Communes. . .	2.032	Sancy, St-Martin-du-Boschet.
620	Ru des Picoteries	700	Sancy.
621	Ru de Vilrenard.	832	St-Martin-du-Boschet.
622	Ru des Justices	1.722	—
623	Ru de la Surée	536	—
624	Ru des Saussaies.	2.419	—
625	Ru de la Croix Rouge	568	—
626	Ru de la Presne.	1.603	—
627	Ru de la Jarretière	610	—
628	Ru de la Presnelle.	500	—
629	Ru du Champ Huet	2.278	Lescherolles et la Chapelle-Véronge.
630	Ru de Vorain	2.456	La Chapelle-Véronge.
631	Ru de la Montée.	389	Moutils.
632	Ru de Gerbaut.	375	La Chapelle-Véronge.
633	Ru du Bois de Vaux.	205	—
634	Ru du Montcel.	696	—
635	Ru de la Croix Guillaumet. . .	424	—
636	Ru de la Fontaine St-Sulpice. .	310	—
637	Ru du Chemin du Gravier. . .	520	—
638	Ru de Grisard.	587	—
639	Ru de Domard.	690	—
640	Ru du Val et ru des Retrets sur la commune de Montolivet.	8.830	Meilleray, St-Barthélemy, Montolivet.
641	Ru Baudet.	1.376	Meilleray.
642	Ru des Grands-Prés	525	—
643	Ru de la Garenne des Bordes .	1.931	—
644	Ru des Trois Pierres.	1.894	Meilleray, la Chapelle-Véronge.
645	Ru du Mouton.	1.052	—
646	Ru Yonnet.	1.260	—
647	Ru des Flattis.	1.678	La Chapelle-Véronge et St-Barthélemy.
648	Ru de Vanne	216	St-Barthélemy.
649	Ru de l'Orgerie	1.863	—
649bis	Ru des Grands Marais.	1.142	—
649ter	Ru de la Fontaine de Marvilliers	50	—
649[4]	Ru des Petits Marais.	716	—
650	Ru de Prime Fosse.	1.094	Montolivet.
651	Ru de Thiercelieu.	1.525	Montolivet, St-Barthélemy.
651bis	Ru de Champbardin.	839	St-Barthélemy.

Nos D'ORDRE	DÉSIGNATION DES COURS D'EAU	LONGUEURS	COMMUNES TRAVERSÉES
		km. m. cm.	
651ter	Ru des Prés Buat	403,50	St-Barthélemy.
652	Ru des Pivars.	942	Montolivet, Villeneuve-sur-Bellot.
653	Ru du Pré Neuf.	410	Montolivet.
	Département de la Marne.		
26	Rivière du Grand-Morin	47.390	
27	L'Aubetin	7.470	St-Genest, Bouchy-le-Repos.
28	Ru de la Traconne.	1.700	Bouchy-le-Repos, les Essarts-le-Vicomte.
29	Le Vezier ou ru des Caillots. .	5.340	Villeneuve-la-Lionne, le Vezier.
30	Ru de Courtevrain.	2.000	Le Vezier.
31	Ru de Bonneval.	10.320	Joiselle, Tréfols, Morsains, le Gault.
32	Ru de Vailly.	1 600	Tréfols.
33	Ru des Renardières	3.500	—
34	Ru des Orcils	2.400	—
35	Ru Le Comte	200	Joiselle.
36	Ru de Vassart.	4.680	—
37	Ru de Fontenelle	1.020	Joiselle, Neuvy.
38	Ru de Coudry.	600	Neuvy.
39	Ru de l'Etang de la Ville. . . .	7.100	Neuvy, Courgivaux.
40	Ru d'Escardes.	6.250	Courgivaux, Escardes.
41	Ru de La Noue	8.350	Esternay, la Noue.
42	Ru des Larrons	2.500	Esternay, Châtillon-sur-Morin.
43	Ru de Mœurs	650	Mœurs.
43bis	Ru de Verdey	450	Verdey.

CHAPITRE III

§ I. Utilisation des eaux, moulins, banalité, usines, papeteries, tanneries, draperies, etc. — § II. Droits de rivière, droits de pêche, péages, rouissages, etc. — § III. Navigation, règlements, etc.

§ I.

Avant la découverte toute moderne de la vapeur et de l'électricité, l'eau et le vent étaient les seules forces dont l'homme se servait pour moudre le grain nécessaire à sa nourriture. Cette utilisation des cours d'eau comme force motrice ne remonte pas, comme on serait tenté de le croire, à une époque fort éloignée. On lit en effet dans les livres de Moïse et d'Homère, c'est-à-dire bien antérieurement à la venue de Jules César dans les Gaules, que les peuples de l'antiquité se servaient, pour moudre les grains, de moulins composés de deux petites meules cylindriques de pierre dure, que des esclaves ou des femmes faisaient tourner l'une au-dessus de l'autre. Sans qu'on sache quelle était la forme précise de ces meules, on peut conjecturer qu'elle ne devait pas s'écarter beaucoup de celles qu'on retrouve assez fréquemment dans les fouilles opérées dans les ruines de villes gauloises ou gallo-romaines. Nous en donnons un spécimen (fig. 2) trouvé dans les ruines de la villa gallo-romaine de la loge de Doue (canton de Rebais). Préalablement à leur emploi, l'homme se contentait d'une pierre dure concave sur laquelle il broyait le grain au moyen d'un galet (fig. 1).

L'usage des moulins à deux meules se continua très tard

en Italie et surtout dans les Gaules. Cependant les Grecs et les Romains y avaient apporté de notables perfectionnements, car du temps de Jules César, on se servait déjà en

Fig. 1. — Moulin de l'age de pierre

Italie de moulins dont les figures ci-dessous 3 et 4 reproduisent l'un d'eux, trouvé dans les fouilles de Pompéi. La meule gisante M (fig. 3) était conique et munie au sommet

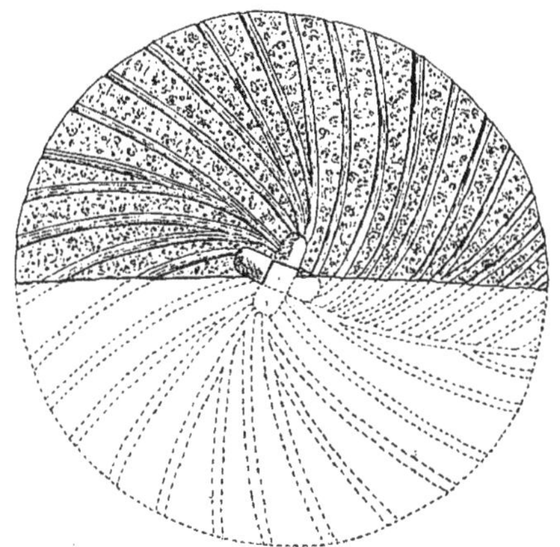

Fig. 2. — Portion de meule de moulin gallo-romain

d'un pivot en fer; la meule supérieure, ou volante M' (fig. 4), avait à peu près la forme d'un sablier composé de deux cônes creux reliés ensemble au sommet. Au point de jonction des deux cônes, il existait une pièce de fer portant en son centre une ouverture destinée à recevoir le pivot de la meule gisante afin de la maintenir dans une position verticale.

Celle-ci était en outre munie en son milieu d'un cercle de

fer portant des trous carrés destinés à recevoir les morceaux de bois permettant de faire tourner l'appareil.

Le grain était versé dans la cavité du cône supérieur et tombait peu à peu par l'étranglement conique, entre les parois de la meule gisante et du cône inférieur.

La rotation imprimée à l'appareil écrasait le grain, et la farine tombait sur les côtés.

Les moulins étaient ordinairement mis en mouvement par

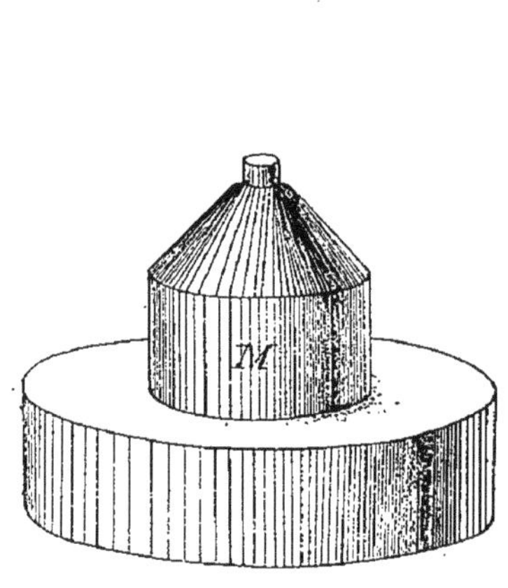

Fig. 3.

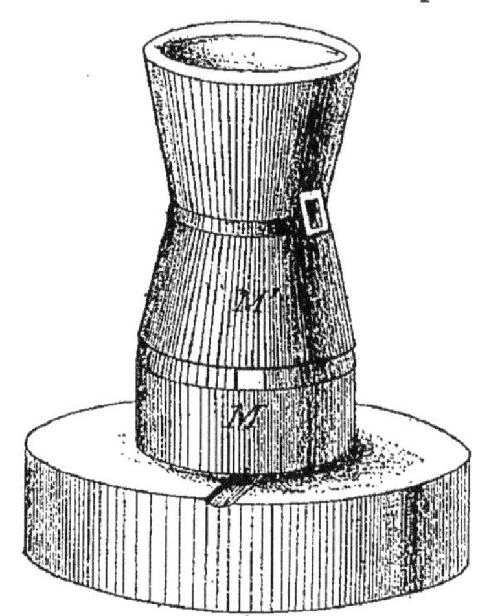

Fig. 4.

des esclaves : *mola manutari versatilis*; mais quand leurs dimensions devenaient trop considérables (on en cite qui avaient jusqu'à 1 m. 80 de hauteur), on employait des ânes ou des mulets : *mola asinaria*, *machinaria*.

A ces derniers moulins furent substitués les moulins à eau : *mola aquaria*, qui paraissent avoir pris naissance dans l'Asie Mineure.

Il est fait mention d'un moulin de ce genre sous Mithridate, roi de Pont, environ quatre-vingt-dix ans avant Jésus-Christ. Ils furent introduits en Italie sous Jules César, mais ne commencèrent à y être répandus qu'au IVe siècle. Dans les Gaules, leur introduction fut un peu plus tardive. Nous pensons qu'il en existait au cours du VIIIe siècle dans notre pays.

D'ailleurs, M. Vallet de Virville, archiviste (de l'Aube), dit que la charte de Chélembert mentionne parmi les dons, faits à l'abbaye de Moutier-la-Celle, des prés, etc., et aussi, les deux rives de la Seine à Chappes, et des moulins (*Officina molaris*); on peut croire que c'étaient des moulins à eau. En 862, un diplôme de Charles le Chauve mentionne, en faveur de l'abbaye de Saint-Denis près Paris, des moulins (molendinis) et des brasseries ou fabriques de cervoise à Nogent-sur-Seine.

Aux meules coniques des Romains, on substitua les meules en pierre meulière d'un seul morceau, dont les faces en contact étaient sillonnées de petites rainures destinées à empêcher les grains de s'échapper (voir fig. 2).

Nous ne dirons qu'un mot de cette industrie des meules.

La pierre destinée à leur confection est très répandue en France; mais on la trouve surtout en grande quantité dans le bassin de la Seine, depuis la partie Est du département de la Marne, jusqu'à l'extrémité du département de la Seine-Inférieure.

Les gisements les plus importants sont : dans le département de la Marne : la montagne de Reims, Margny, Orbais-l'Abbaye, les environs d'Épernay, Saint-Martin-d'Ablois; en Seine-et-Marne : la Ferté-sous-Jouarre et ses environs, Bassevelle, Boitron, Orly et la Trétoire; les environs de Corbeil dans Seine-et-Oise. On en rencontre également des gisements dans le bassin de la Dordogne et dans celui de la Loire.

Toutes ces contrées renferment de la pierre meulière pouvant être employée à la mouture des grains. Leur formation est, il est vrai, différente pour chaque gisement; cependant toutes ont un mérite particulier; mais la contrée qui renferme toutes les espèces de pierre utilisées est celle des environs de la Ferté-sous-Jouarre. On y trouve en excellente qualité toutes les variétés qui conviennent pour la mouture des céréales et aussi de tous les produits qui doivent être broyés ou pulvérisés. C'est dans les carrières avoisinant cette localité que se trouvent les bancs de silex exceptionnels, recherchés du monde entier, et qui ont fait la richesse de ce pays.

Les meules d'autrefois étaient, comme nous l'avons dit précédemment, faites d'un seul morceau.

Or, la difficulté de rencontrer des blocs assez volumineux pour en tirer une meule entière en augmentait considérablement leur prix! On a cherché à s'en passer. Depuis un certain nombre d'années, on fabrique les meules avec rayons au moyen d'un grand nombre de moellons de meulière, assemblés suivant un procédé spécial.

Tous les moellons bruts sont transportés des carrières à la Ferté-sous-Jouarre, où, sous de grands hangars couverts, des ouvriers habiles les taillent et les ajustent pour en former des meules qui sont ensuite expédiées aux quatre coins du monde.

Les maisons Roger et Cie, Bailly, Gueuvin, Ladeuil, etc., ont acquis dans cette industrie une réputation universelle.

Depuis quelques années on a tenté de substituer aux meules en silex, des cylindres broyeurs en acier; mais il semble résulter des expériences faites par des personnes très compétentes (voyez *l'Art de moudre*, par Félix Hardouin, 1882) que le rendement en farine de 1re qualité obtenue par l'emploi des cylindres en acier serait inférieur de 4 à 5 p. 100, et même souvent plus, à celui obtenu au moyen des meules en silex (voir Expériences de M. Descourty dans le *Bulletin spécial des Halles* du 13 mai 1880); en outre, la qualité nutritive de la farine laisserait à désirer et serait la cause du redoublement d'affections inflammatoires que constatent tous les médecins.

D'un autre côté, l'emploi des farines à 60 p. 100 d'extraction (au lieu de 70 p. 100 que donne la mouture par les meules ordinaires), pour la fabrication des pains de fantaisie, constitue un gaspillage de 5 à 6 millions d'hectolitres de blé par an. Dans les années de pénurie, cette fabrication devrait être interdite.

Il conviendrait donc de ne pas abandonner l'emploi des meules en silex, mais plutôt de chercher à perfectionner ce système de mouture. Ajoutons que l'abandon momentané des meules en pierre a porté un coup funeste à la prospérité de la ville de la Ferté-sous-Jouarre ; mais cette industrie commence à se relever par suite des inconvénients qu'on a reconnus, de l'emploi des cylindres en acier, il faut espérer que cette ville retrouvera son ancienne activité industrielle.

Au point de vue mécanique, de nombreux et utiles perfectionnements ont été apportés aux appareils de mouture.

Par des procédés spéciaux, on a augmenté le rendement en farine, ainsi que la qualité de celle-ci.

Encore tout récemment un meunier français, M. Schweitzer, grâce aux dispositions mécaniques dont il est l'inventeur et qui décortiquent le blé, c'est-à-dire le pèlent, au lieu de l'écraser, a trouvé le moyen d'augmenter encore le rendement en farine de 10 à 12 p. 100 (voir *Bulletin de l'Académie de médecine* du 5 février 1900, p. 123).

Comme nous le disions précédemment, l'eau était à peu près la seule force motrice utilisée que l'on connût jusqu'au XIXe siècle ; la possession d'une installation de ce genre était une source de richesse pour son propriétaire et, par suite, les moulins devaient entrer pour une bonne part dans la fortune privée. Mais à l'époque où ils commencèrent à être établis en France, les seigneurs féodaux étant seuls propriétaires fonciers du pays, les cours d'eau leur appartenaient et lorsque cette invention fit son apparition, ils substituèrent des moulins à eau aux moulins à vent existants.

Eux seuls d'ailleurs étaient en mesure de faire les sacrifices importants qu'entraînait la construction d'un établissement de ce genre.

D'un autre côté, le serf ou le paysan du moyen âge, ne possédant rien ou presque rien, était dans l'obligation de se servir des moulins établis par les seigneurs, et cela moyennant le paiement d'une redevance souvent en nature, quelquefois, mais bien rarement, en argent.

Abusant de leur puissance, les seigneurs transformèrent l'usage volontaire de leurs moulins en obligation pour leurs vassaux ; de là l'origine de la banalité qui constitua un privilège important pour le propriétaire, mais une charge onéreuse pour ses sujets.

Au début, il paraissait de toute justice que, pour se rembourser des frais qu'il avait consentis, le seigneur perçût un droit sur chaque manant venant faire moudre du grain à son moulin; mais, comme pour toutes les institutions, les abus vinrent successivement détourner celle-ci de son but humanitaire, et quelques siècles plus tard, la banalité appliquée rigoureusement provoqua des plaintes très vives de ceux qui y étaient astreints. Ce droit fut d'ailleurs confirmé par des édits royaux, cependant adouci par l'article 7 de l'édit de saint Louis de 1270 portant :

« Si aucuns hons avait moulin qui eut voiere en sa terre « ils doivent moudre à son moulin tint-cil qui sont dedans la « banlieue, et se aucuns en défaillait puisqu'il en serait « semons, li sires li puet bien es garder que il ne moule à « aucun moulin, et se li-sire où ses serjons le truevent apor- « tant farine d'autre moulin que le sien, la farine si est au « seigneur et li hons n'en doit autre amende » (*Histoire du Montois*, par Delettre, f. A, t. I, p. 71-72). Traduction libre : « Tout seigneur ayant justice en sa terre a droit « d'obliger tous les habitants de la banlieue de moudre à « son moulin; si quelqu'un s'y refusait, le seigneur le ferait « sommer de comparaître et lui défendrait d'aller moudre « autre part. Si malgré ses défenses il est rencontré venant « d'un autre moulin, la farine qu'il en apportera sera pour « toute amende confisquée au profit du seigneur. » C'est ce qui arriva, comme on le verra plus loin, au curé de Saint-Martin-des-Champs en 1698.

Après les moulins, on construisit dans chaque seigneurie des fours et des pressoirs banaux.

Par là, les seigneurs se créèrent une source de revenus importants, jusque vers le milieu du XVIIIe siècle Plus tard, ces revenus diminuèrent sensiblement et se trouvaient réduits à peu de chose au moment de la Révolution. En résumé, l'exercice de la banalité avait fini par être considéré par les possesseurs de moulins banaux comme un droit primordial, à tel point que sous l'ancien régime et en droit féodal, on nommait : banalité, le droit qu'avait le seigneur possesseur d'un fief d'obliger ses vassaux à exécuter certaines choses de la manière qu'il leur fixait : ainsi les assujettis ou vassaux devaient faire moudre leur grain à son moulin, faire cuire leur pain à son four, moyennant une rétribution, souvent fixée arbitrairement.

De plus, bien que domicilié ailleurs, tout propriétaire d'une terre comprise dans une seigneurie où existait un moulin banal était tenu de payer au seigneur, à titre de « vertes-moutes », le prix de la mouture de la quantité de grains qu'il eût consommée, s'il eût habité dans ladite seigneurie. C'était tout simplement injuste.

Il existait encore à la Révolution un grand nombre de moulins banaux sur la rivière du Grand-Morin et ses affluents. C'est ainsi que le domaine de Crécy en comprenait 5, classés ci-dessous, suivant l'importance de leurs revenus au XVIIIe siècle :

Crécy; Prémol (commune de Guérard); Villiers-sur-Morin; Tigeaux; Arnould-les-Ponts-aux-Dames (commune de Couilly) dont le droit de banalité fut à nouveau consacré par un jugement de la Chambre des comptes du 22 décembre 1775, rendu à l'occasion de l'échange consenti par le roi dudit domaine pour la principauté des Dombes, qui fixa en même temps au 16e, le droit de mouture de tous grains apportés auxdits moulins (1 S. 352, *Arch. dép.*).

La seigneurie de Coulommiers comprenait les moulins banaux de la Ville, des Prés et de Pontmoulin.

L'abbaye de Faremoutiers possédait la banalité du moulin de Pommeuse, et anciennement celle des moulins de Tresmes, de Mouroux, etc.

La seigneurie de la Ferté-Gaucher en possédait également deux : le moulin de la Ville à la Ferté-Gaucher et celui de Guillard (paroisse de Saint-Martin-des-Champs); ces deux moulins se partageaient la banalité; tantôt celui de la Ville avait le monopole des paroisses de la Ferté-Gaucher, Leudon et Chartronges, celui de Guillard comprenait celles de Saint-Martin-des-Champs, Saint-Barthélemy-en-Beaulieu et Saint-Mars; tantôt cette banalité restait en commun entre les deux meuniers pour les six paroisses.

Dans tous les cas, l'exercice de ce droit donnait lieu à des contestations sans nombre entre les meuniers et les baniers, en raison des moyens déloyaux qu'employaient les uns et les autres pour attirer la clientèle ou pour se soustraire aux charges de la banalité. C'est ainsi que le 27 mai 1698, François Viel, prêtre-curé de Saint-Martin-des-Champs, voulant échapper au paiement du droit de banalité, donna un sac de blé à moudre au moulin voisin de la Maison-Dieu. Mais Nicolas Chaudine, garde-moulin à Guillard, et Hubert Gougé, garçon meunier au même lieu, découvrirent la supercherie. Comme ils avaient aperçu le sac que portait à dos un cheval conduit par le chasseur du moulin de la Maison-Dieu, ils s'enquirent de sa provenance et guettèrent au retour le blé devenu farine, que transportait non plus un cheval, mais un âne. L'âne et la farine furent saisis en chemin et conduits au bailliage de la Ferté-Gaucher (le malin curé attendait en vain sa monture); une enquête s'ensuivit, mais les fraudeurs se faisant justice transigèrent avec le meunier de Guillard.

Les droits fixés par les seigneurs et perçus par leurs meuniers, variaient d'une seigneurie à l'autre et ne contribuaient pas peu à créer des conflits.

Lorsqu'en 1790, la banalité fut abolie définitivement en même temps que d'autres droits féodaux, les meuniers n'en continuèrent pas moins pendant plusieurs années encore à percevoir le droit de mouture en nature. Les boulangers seuls payaient en argent. Le droit de mouture en nature se prélevait sur le grain, et pour le plus grand nombre des moulins il était du 16e, quelquefois aussi du 17e ou du 18e, comme au moulin Neuf de la Trétoire, rarement seulement du 20e comme à Cotton (même commune), sur le Petit-Morin, mais il atteignait aussi le 14e comme à Pommeuse. Il était plus élevé dans les petits et les plus mauvais moulins, peu fréquentés, où le chômage absorbait presque tout le produit. Comme la plus petite mesure généralement employée par les tenanciers ou meuniers, était le double litre, il s'ensuivait que ces derniers en étaient arrivés à prélever jusqu'au 10e.

Pour rester dans les habitudes anciennes, c'est-à-dire pour ne prélever que ce qu'on avait coutume de payer, il aurait fallu que le gouvernement imposât aux meuniers une mesure contenant le 16e ou le 15e du double décalitre, c'est-à-dire 13 décilitres 1/3 (quand le perçu était du 15e); mais comme les mesures de capacité n'étaient pas encore ramenées au système métrique, dans un grand nombre de moulins, les meuniers, pour la plupart, ne rendaient la farine ni au poids, ni à la mesure, surtout lorsque celle-ci se faisait à la monnée ou au petit sac; ils prélevaient d'abord leur droit sur le grain et rendaient ensuite la farine et le son qui restaient. Ce prélèvement était également très variable, dans la vallée du Grand-Morin, comme partout d'ailleurs.

C'est ainsi qu'il était de 2 kilogrammes par hectolitre aux moulins de Meilleray, Véronge, etc., 1 kgr. 5 à ceux de la Ferté-Gaucher, 3 kilogrammes à Jouy-sur-Morin, à la Celle-sur-Morin, etc., tandis qu'il aurait dû n'être, en réalité, que de 1 kgr. 1/2, c'est-à-dire 1/50e (le poids de l'hectolitre de blé étant supposé être de 75 kilogrammes), et on aurait dû retrouver, en pesant la farine et le son rendus, le poids du blé moulu, déduction faite du déchet et du prélèvement opéré sur le grain par le meunier pour le droit de mouture.

Cependant il faut ajouter que la quantité de farine rendue par hectolitre devait également varier non seulement avec la qualité du grain fourni, mais encore avec la qualité de la farine que désirait le propriétaire du grain.

Dans l'arrondissement de Coulommiers les meuniers rendaient, à de rares exceptions près, mesure pour mesure, le son en sus, c'est-à-dire que pour un hectolitre de blé ils rendaient un hectolitre de farine (après toutefois le prélèvement fait sur le grain du droit de mouture), le son en plus. Il en résultait que, pour un hectolitre de blé pesant environ 75 kilogrammes, ils rendaient depuis 57 kilogrammes jusqu'à 65 kilogrammes de farine, le son non compris.

Les meuniers variaient donc à leur gré, au détriment des habitants, la quotité de leur droit de mouture puisqu'il n'y avait aucun règlement à cet égard.

Durant les années qui suivirent la Révolution, les plaintes s'élevèrent de toutes parts contre ces abus. C'est ainsi qu'en avril 1811, le sous-préfet de Provins (12 M, 59, *Arch. dép.*) se faisant l'interprète de ses administrés rend compte au préfet à Melun, du mode d'agir des meuniers vis-à-vis des particuliers qui font moudre leur blé au petit sac ou à la monnée.

« Ces derniers se plaignent, dit-il, d'être volés par les meu-
« niers et font observer qu'ils n'ont aucun moyen de s'y
« opposer; ils (les meuniers) prennent, disent-ils, le triple de
« ce qui leur est dû : d'abord en grains, en présence des par-
« ticuliers, ensuite secrètement sur la farine, et en 3e lieu
« sous prétexte de la nourriture de leurs bêtes de somme. Ils
« demandent que des mesures soient prises contre les meu-
« niers, qu'ils soient forcés d'avoir des balances, et que le
« prix de la mouture soit fixé en argent. »

Ces plaintes contre les meuniers, et souvent aussi contre les boulangers, ne datent pas seulement de cette époque, et le peuple des temps modernes n'a jamais témoigné d'une grande pitié à l'égard de ceux-ci, comme l'on peut en juger par ce qui se disait déjà au XVIe siècle : d'un voleur « qu'il était fidèle comme un meunier ». A Paris, sur le Pont-Neuf, Tabarin, au grand contentement de la multitude qui l'écoutait, demandait à son maître : « Quelle est la chose la plus « hardie au monde? et son maître de répondre : C'est la che- « mise d'un meunier, car elle prend tous les jours un larron « à la gorge! »; ou encore : que l'animal le plus hardi de la terre est l'âne des meuniers, parce qu'il se trouve tous les jours au milieu des larrons.

En Seine-et-Marne on n'était guère plus tendre à l'égard

des meuniers si l'on en juge par le vieux dicton suivant, bien connu autrefois dans nos campagnes :

Meunier larron,
Voleur de son pour son cochon,
Voleur de blé,
C'est son métier!

On voit par ce que nous venons de dire, que les meuniers étaient autrefois tenus en piètre estime par leurs concitoyens; et, s'il faut en croire tous les historiens anciens, cette prévention n'était malheureusement que trop justifiée. Nous voulons bien croire que les temps sont changés, que les meuniers de nos jours sont les plus honnêtes gens du monde et que, vrais ou faux, les vieux proverbes ne sont plus de saison.

A raison des droits considérables de banalité, des rapines commises par les meuniers et aussi des entraves apportées au libre commerce des grains, la famine, comme la peste, se promenait, aux siècles passés, de ville en ville, de province en province. On regorgeait ici de blé, tandis qu'à côté on mourait de faim.

Les témoignages, peut-être un peu exagérés, de La Bruyère, de La Fontaine et de Mme de Sévigné, nous font connaître que sous le règne du Roi Soleil, le peuple dans certaines provinces était parfois réduit à manger du pain noir, ou d'avoine mélangé de son, même jusqu'à des racines, pour ne pas mourir de faim.

Aujourd'hui, grâce à la Révolution, les barrières de province à province sont supprimées, le commerce des grains est libre. Sous les efforts persévérants de nos agriculteurs la production du blé a presque triplé. La France, dans les meilleures années, pourrait presque suffire à la consommation de ses habitants. Aussi, avec les blés qui peuvent en cas de besoin venir de l'étranger, avec les moyens de transports dont nous disposons aujourd'hui, nous n'avons plus à craindre la famine. Le XIXe siècle qui vient de finir, si décrié, n'aurait-il à son actif que cette amélioration si importante pour les humbles, qu'il aurait encore droit à notre profonde reconnaissance.

Modes de mouture.

Jusqu'au siècle dernier, le procédé employé pour la mouture des blés était le même partout, on ne produisait donc qu'une seule et même qualité de farine. Cependant, quelques nouvelles méthodes s'étaient peu à peu introduites en France, au cours du XVIIIe siècle; mais ce ne fut véritablement qu'à partir de la Révolution qu'elles se généralisèrent dans nos contrées.

On désignait ces diverses méthodes de mouture sous les dénominations suivantes :

Mouture à la parisienne,

Mouture au petit sac ou à la monnée,

Mouture à la lyonnaise,

Enfin mouture à la grosse.

— La mouture à la parisienne, ou à blanc, consistait à moudre le blé dans un bluteau ordinairement à blé et, ensuite, les gruaux blancs; elle était économique quand on remoulait les gruaux bis, et après ce que les meuniers appelaient les 2e et 3e de gruaux.

Ce genre de mouture n'avait lieu que dans les moulins importants.

— La mouture au petit sac, ou à la monnée, avait lieu dans le plus grand nombre des moulins de la vallée du Grand-Morin, soit parce qu'ils n'étaient pas outillés pour la mouture à la parisienne, soit parce qu'ils étaient éloignés des villes ou des grandes voies de communication et qu'alors ils ne pouvaient être employés que par les habitants des campagnes environnantes.

Cette façon consistait à moudre le blé dans un gros bluteau où tout passait et où l'extraction du son avait lieu dès la première fois.

Lorsqu'on moulait pour des particuliers aisés qui désiraient avoir de la farine plus blanche, on repassait les gruaux dans un deuxième bluteau, un peu plus fin.

Aujourd'hui la mouture au petit sac a disparu, et on ne verra plus comme il y a bientôt un siècle, par les chemins pierreux de la vallée, les longues files d'ânes ou de mulets, sous la conduite du chasseur, ramener au moulin, au bruit de leurs sonnettes, le grain du paysan.

La mouture à la lyonnaise. — La mouture à la lyonnaise consistait à remoudre le son. Elle n'était pas employée dans l'arrondissement de Coulommiers.

Mouture à la grosse. — Enfin la mouture à la grosse était celle qu'on faisait pour les boulangers qui blutaient chez eux.

Ce genre de mouture n'était plus pratiqué, dès 1800, dans la vallée du Grand-Morin.

Établissement des moulins.

Nous avons dit précédemment que l'eau et le vent étaient, il n'y a pas encore bien longtemps, les seuls moteurs naturels utilisés par l'homme.

Dès les premiers âges historiques, celui-ci a dû chercher, pour assurer sa nourriture, à tirer parti d'éléments se trouvant à sa portée et qui ne lui coûtaient que la peine de les discipliner.

Le vent fut utilisé le premier, des moulins furent élevés dans les plaines et sur les sommets les plus élevés. Plus tard, aux temps carolingiens, on délaissa déjà ceux-ci, et on les remplaça en grande partie par des moulins à eau.

C'est ainsi que dans le département, les eaux du Grand-Morin, dont le débit est assez important, même par les plus grandes sécheresses, furent utilisées dès l'apparition des moulins mus autrement qu'à la main : des barrages furent établis pour créer des chutes à proximité des agglomérations et on y construisit des moulins à blé.

Des moulins existaient en grand nombre dès le XIIe siècle sur ce cours d'eau. Chaque seigneurie en possédait souvent plusieurs, que leurs propriétaires avaient rendus banaux vers le XIe siècle.

Mais quand les appareils se perfectionnèrent et que la quantité de grains que pouvait moudre chaque moulin augmenta considérablement, un certain nombre de ceux-ci ne furent plus utilisés que par intermittence et finirent par disparaître complètement. Jusqu'à la fin du XIVe siècle les moulins, à raison des revenus qu'ils procuraient à leurs propriétaires, représentaient une fraction assez importante de la richesse privée, mais quand survinrent les guerres des Anglais, des Armagnacs et des Bourguignons, celle de la Fronde, etc., qui ensanglantèrent la Brie pendant longtemps, ils furent délaissés, abandonnés, un grand nombre tombèrent en ruines.

Plus tard lorsque le calme fut revenu, on en répara quelques-uns, on en reconstruisit quelques autres; mais malgré cela leur nombre a diminué beaucoup; d'un autre côté, certains d'entre eux furent transformés en moulins à tan ou à écorce, à draps, à huile, à papier, etc.

Du XVIe au XIXe siècle, le nombre des moulins à blé ne varia pas sensiblement.

D'après un relevé fait vers 1809, on en comptait encore, dans l'arrondissement de Coulommiers, 118 en activité : 110 à eau et seulement 8 à vent, pouvant produire par vingt-quatre heures 909 quintaux de farine. Sur ces 118 moulins, 27 marchaient à la parisienne et 91 à la monnée.

A la même époque, on en comptait dans le département 548 dont 467 à eau et 81 à vent, pouvant produire par vingt-quatre heures 3457 quintaux de farine (12 M, 59, *Arch. dép.*).

En 1835, le nombre des moulins à eau n'était plus que de 458 pour le département; quant aux moulins à vent, il n'en était plus question, ils avaient presque tous disparu, et ceux qui restaient encore debout étaient en ruines.

A cette époque on comptait dans Seine-et-Marne 10700 fours de particuliers, pouvant cuire de 40 à 50 kilogrammes de pain, chacun, et seulement 57 fours de boulangers, pouvant cuire en moyenne 75 kilogrammes de pain à chaque fournée.

Des 75 moulins à blé, qui écrasaient le blé sur le Grand-Morin à la Révolution, il n'en restait plus en 1862 que 57.

Au commencement de 1900, ce nombre était réduit à 28; 25 dans Seine-et-Marne et 3 dans la Marne, pouvant moudre par an environ 400 000 hectolitres de blé produisant 300 000 quintaux de farine. (On admet généralement que les blés du département donnent en farine 75 p. 100 de leur poids).

Tous les autres avaient disparu ou avaient été transformés en papeteries, polisseries, mégisseries, etc.

Personne n'ignore les grands progrès qu'a faits la meunerie en France depuis un quart de siècle. Les meuniers de la vallée du Grand-Morin ne sont pas restés en arrière et les moulins de Saint-Germain, de Crécy, de Guérard, ceux de Pommeuse, Coulommiers, Saint-Remy, etc., produisent aujourd'hui des farines de marques supérieures, justement estimées, qui peuvent soutenir la concurrence avec les marques les mieux cotées sur la place de Paris qu'ils concourent à approvisionner une grande partie de l'année.

Papeteries.

La date la plus ancienne concernant l'existence des moulins à papier en France paraît remonter à l'année 1340; cette date figure dans un compte du roi Charles VI, dressé pendant son séjour à Melun et conservé à la Bibliothèque nationale; on y voit figurer un article de dépense pour achat de « papier de l'œuvre de Mainsi » pour lequel il aurait été payé à Girardin-Gosselin de Melun pour onze mains de papier de l'œuvre de Mainsi (près Melun) et une demi-livre de cire vermeille, cinq sols tz. quatre deniers. De toute ancienneté, Maincy possédait plusieurs moulins faisant de blé farine, mus par la rivière d'Anqueil, et par une source abondante qui prend naissance dans le village. Il est probable qu'au

XIVᵉ siècle, une de ces usines servait à la fabrication du papier que le compte de Charles VI mentionne sous le nom « d'œuvre de Mainsi ».

A Essonnes, l'existence d'une papeterie est constatée dès 1488, ainsi qu'il résulte de documents datés de mars 1488 : ce sont des lettres de Charles VIII écrites de Chinon, qui mentionnent parmi les suppôts de l'Université sept ouvriers ayant moulin, faisant papier, dont trois demeurant à Troyes, quatre à Corbeil et à Essonnes (Sauval, *Histoire et recherches des antiquités de Paris*, 1733) et encore dans un renseignement tiré des comptes de la prévôté de Paris (t. III, p. 586) duquel il résulte que, vers 1430, un moulin à papier existait à Essonnes et appartenait à Jean Lemaître dit le Bossu (*Histoire du Diocèse de Paris*, par l'abbé Lebœuf).

Ce dernier dit qu'en 1480 il y avait un autre moulin à papier nouvellement bâti par Hugues d'Anison dans une petite île à Essonnes.

Dans la vallée du Grand-Morin, l'existence de papeteries remonte au commencement du XVᵉ siècle. M. Henri Stein dit, dans ses *Mélanges de bibliographies* (1ʳᵉ série, Paris, Techener, 1893), que le plus ancien moulin à papier établi dans la vallée du Grand-Morin, serait celui de la Ferté-Gaucher, qui remonterait au XVIᵉ siècle, et il cite, à l'appui de son dire, des lettres royales données à Compiègne en mai 1624, qui accordent à l'Université de Paris le droit de prendre dans les villes de Troyes et de la Ferté-Gaucher, les quatre ouvriers papetiers qu'elle ne trouve plus à Corbeil et à Essonnes (ce qui tendrait à faire croire qu'à cette date cette industrie était en décroissance dans ces deux localités) et concèdent, aux artisans qu'elle choisira, les mêmes privilèges qu'aux autres officiers de l'Université.

Cependant l'existence d'un moulin à papier dans la vallée du Grand-Morin, antérieurement au XVIᵉ siècle, nous est révélée par d'anciens titres de la seigneurie de Guérard. On lit en effet dans une cession faite le 2 octobre 1480, par dame Germaine Hesselin, veuve de noble homme Jean Bureau, seigneur de Guérard, etc., à Jean Lambert demeurant à Rouilly (paroisse de Guérard) à titre de chef, cens et rente annuelle et perpétuelle de divers bien situés en ladite paroisse, entre autres six arpents de terres étant en buissons, assis au terroir de Vallois, près d'un « molin à papier » en la garenne de Bécherel.

Il est vrai que ce « molin à papier » n'existait déjà plus en juin 1495. Avait-il été brûlé? On serait tenté de le croire, car à cette date, Isabelle, fille de Jean Bureau et de Germaine Hesselin, propriétaire de la terre de Guérard, cède à Jacques Duménil, laboureur au Carrouge (paroisse de Guérard), à titre de surcens et rente « une place pour faire édiffier un molin « séant à Bécherelle sur la rivière de Morin, où d'ancienneté, « soulois avoir moulin, situé au-dessous du pont de Gué- « rard... » (*Histoire de Guérard-en-Brie*, par A. Bazin).

D'un autre côté, le 22 octobre 1498, les religieuses de Faremoutiers donnaient à bail à vie « un molin à papier » qu'elles promettent de « reconstruire » au hameau du Poncet, paroisse de Pommeuse (*Inventaire des titres de l'abbaye de Faremoutiers*, Archives du département de Seine-et-Marne). Ce moulin a-t-il été reconstruit? Nous en doutons; en tout cas son existence aurait été de courte durée, car il n'existait déjà plus en 1517.

On voit donc par ce que nous venons de dire qu'il existait des papeteries dès le XVe siècle dans la vallée du Grand-Morin. Cette industrie se continua à travers les siècles jusqu'à nos jours, en subissant diverses vicissitudes, provenant soit des mesures rigoureuses prises à son égard par les divers gouvernements qui se sont succédé, soit par les crises ouvrières qui n'ont pas manqué de l'atteindre. Parmi ces « molins à papier » de l'ancien temps, les uns ont supporté vaillamment toutes ces fluctuations et sont devenus très florissants, comme les Marais, Courtalin, qui ont eu leur heure de célébrité et dont nous reparlerons; d'autres ont disparu, comme : Tigeaux, Genevray, Bicheret, le Poncet, Nageot, les Grenouilles, la Ferté-Gaucher, etc.

Comme tout ce qui se fabriquait en France avant la Révolution, l'industrie du papier était soumise à diverses ordonnances qui en réglaient minutieusement la fabrication et la vente.

En 1564, un édit du roi donné à Arles et ordonnant de lever un impôt sur le papier fut l'objet de si vives réclamations, tant de la part des marchands, que des propriétaires des moulins à papier, que le roi, par un autre édit donné à Angoulême le 14 août 1565[1], ordonna de surseoir à l'applica-

1. *Lettres patētes du Roy, pour la surséance de l'exécution de l'Edict du subside imposé sur le papier.*
A Paris,
Par Robert Estienne Imprimeur du Roy.
M.D.LXV.
Avec Privilège dudict Seigneur.

Extraict du Privilège :

Par lettres patentes du Roy, données à Paris le xviie iour de Ianvier, mil cinq cēs soixante trois, signées par le Roy en son Conseil, Bourdin, et scellees du grand seel dudict Seigneur en cire iaulne sur simple queue; Confirmatives d'autres lettres patentes doñées à sainct Germain en Laye le viii Octobre, M.D.LXI, signées par le Roy, Vous Monsieur le Chancelier Présent, De l'Aubespine & scellées comme dessus : Vérifiées en la Cour de Parlemēt à Paris le xviii iour de Febvrier au dict an : Il est permis à Robert Estienne son Imprimeur ordinaire, d'imprimer ou faire imprimer, vendre & débiter tous Edicts, Ordonnances, Mandemens & Lettres patentes; sans qu'autres libraires et imprimeurs les puissent imprimer, ne faire imprimer durant le temps et terme contenu esdictes Lettres patentes, si ce n'est du vouloir et consentement du dict Etienne. Sur peine de confiscation desdicts livres, et d'amēde arbitraires & autres amendes, despens, dommages et intérests dudict Estienne.

Lettres Patentes du Roy, pour la surséance de l'exécution de l'Edict du subside imposé sur le papier.

Charles par la grace de Dieu Roy de France, A tous ceux qui ces presentes lettres verront. Scavoir faisons, que sur la remonstrance et fréquentes plainctes à nous faictes en divers lieux et provinces de nostre Royaume, que nous avons iusques icy visité, tant par les marchans papetiers, que propriétaires des moulins à papier, & une infinité de pauvre peuple et ouvriers, n'ayans autre moyen de vivre que de la manufacture du papier, laquelle il nous ont faict entēdre estre contrainicts delaisser à cause du nouveau subside ordonné estre levé sur chascune rame de papier par nos lettres patentes en forme d'Edict donné à Arles au mois de Novēbre dernier passé mil cinq cens soixante quatre, De l'advis de nostre Conseil, & voulans preferer le soulagement de nos subiects à nostre interest & à la commodité de nos finances : Avōs ordonné & ordonnons que l'execution dudict Edict, & en consequēce la levee & payement du droict d'imposition y specifié, & l'effect d'iceluy surserra & cessera en nos Royaume, pays & terres de nostre obéissance, iusques à ce que soyons plus amplement informez du pretendu dommaige public, & de nos subiects. Enioignans à tous Baillifs, Seneschaulx, & autres nos officiers qu'il appartiēdra, faire main levee & délivrance actuelle du papier qui se trouvera saisy, tant

tion du premier. Cependant, moins d'un siècle plus tard, la royauté, qui avait besoin d'argent pour couvrir les frais de guerre, établit un nouvel impôt sur le papier marqué, réglé sur les dimensions du papier (*Mémoires des Intendants de la Généralité de Paris*, t. I, p. 496). De plus il fallait une autorisation royale pour fabriquer du papier à la marque.

Louis XIII, par un édit de juin 1633, établit un droit pour la marque et le contrôle. Ce droit était de 5, 6, 7, 8 et 9 sols par rame suivant le poids du papier, et 6 livres jusqu'à 30 livres et 3 sols par rame de papier bleu, gris, etc.; 1 sol au marqueur et 1 sol pour rame d'entrée (*Mémoires des Intendants de la Généralité de Paris*, t. I, p. 496).

Un autre édit réglant la fabrication du papier dans les manufactures fut encore rendu le 27 janvier 1739, et fut

sur les maistres papetiers & ouvriers, que marchans, vendeurs en gros & en destail, à faulte d'avoir acquicté le droict de ladicte imposition : sans que pour raison d'icelle les fermiers generaulx ou particuliers, ou leurs commis, puissent lever ne exiger aucune chose sur le papier : Ce que leur defendons tres-expressement, à peine du quadruple qu'ils seront contraincts rendre par emprisonnemēt de leurs personnes, à ce que la marchādise du papier demeure libre et frāche de tout tribut, dace et impost, comme elle a esté cy devant. Defendons aussi à tous marchans papetiers, ouvriers, & tous autres vendans papier, le debiter & vendre à plus hault pris qu'ils avoyēt accoustamé auparavāt ladicte iposition, à peine de cōfiscation de la marchandise, & de punition corporelle. Enioignās à nos Advocats & Procureurs, y tenir la main sans dissimulation quelconque, à peine de respōdre des abus qui s'y pourront cōmettre. Et à fin qu'aucun n'en puisse prétendre cause d'ignorāce du cōtenu ès presentes, Voulōs estre leues, publiées & enregistrées en chascun de nos Parlemēts & sieges de nos Baillifs & Seneschaulx, & autres que besoin sera : Et foy estre adioustee au vidimus signé par l'un de nos amez et feaux Notaires et Secretaires, comme à l'original de cesdictes presentes : Par lesquelles mandons et ordōnōns aux Generaux de nos Finances, chascun en sa charge et généralité, appelez les Fermiers de ladicte imposition, ou leurs Commis, ou autrement comme ils verront estre à faire, vérifier sommairement les deniers provenus de ladicte imposition, & en dresser un estat qu'ils envoyerōt aux Intendans de nos Fināces pour nous en faire leur rapport. Car tel est nostre plaisir : nonobstant quelsconques lettres à ce contraires.

Donné à Angoulesme le quatorzieme iour d'Aoust l'an de grace mil cinq cens soixante cinq, Et de nostre regne le cinquieme.

Ainsi signées sur le reply, Par le Roy estant en son Conseil,

ROBERTET.

Et seelees en cire iaulne sur double queüe.

Leues, publiees & enregistrees, oy, ce consentant & requerant le Procureur general du Roy, & oultre selon qu'il est contenu ou registre aiourd'huy indiciairement faict : A Paris en Parlement le vingtième iour de Novembre, l'an mil cinq cens soixante cinq.

DU TILLET.

rappelé aux ouvriers à l'occasion, au cours de l'année 1777, d'une petite échauffourée qui ne tendait rien moins de la part des ouvriers qu'à détruire la manufacture de Courtalin. Dans cette affaire, le meneur, l'ex-contremaître Pierre Rosse, et quelques ouvriers furent condamnés par arrêt du conseil du roi du 26 février 1777, à l'exécution du règlement du 27 janvier 1739 (extrait du registre du Conseil d'État[1]).

A la Révolution, les usines de Courtalin et des Marais appartenaient à la famille de Lagarde, et jouissaient d'une prospérité et d'une réputation considérables, justifiées par l'excellence des produits qui s'y fabriquaient.

Elles furent réquisitionnées par ordre du gouvernement suivant décret du 23 nivôse an II, pour concourir avec celles

1. En 1777, le Roy, « ayant été informé que les ouvriers des manufactures de papier du royaume se sont liés par une association générale au moyen de laquelle ils arrêtent ou favorisent à leur gré l'exploitation des papeteries et par là, se rendent maîtres du succès ou de la ruine des entrepreneurs, que les désordres résultans de cette association, viennent d'éclater récemment dans la fabrique établie par le sieur Reveillon, marchand de papiers à Paris, située au hameau de Courtalin, près Faremoutiers-en-Brie, élection de Coulommiers : Sa Majesté a jugé devoir réprimer un abus si contraire aux règlements; et en conséquence elle a donné les ordres nécessaires pour que les faits imputés aux dits ouvriers fussent constatés. Il résulte d'une information sommaire sur les lieux le 20 novembre dernier et de plusieurs pièces jointes à la dite information que les dits ouvriers se sont fait entre eux des réglements dont ils maintiennent l'observation par des amendes qu'ils prononcent tant contre les maîtres qui ont des démêlés avec leurs ouvriers, que contre les ouvriers qui n'abandonnent pas les fabriques où ces démêlés ont eu lieu; que ces amendes sont toujours payées et par les maîtres qui craignent une cessation de travail qui entraînerait leur ruine et par les ouvriers, à qui l'entrée dans les autres manufactures est interdite jusqu'à ce qu'ils aient subi la peine pécuniaire qui leur a été imposée. Que l'effet de cette police séditieuse, est qu'un seul ouvrier mutin et entreprenant peut débaucher tous les ouvriers d'une papeterie, empêcher que d'autres ne viennent les remplacer et procurer à tout autre établissement qu'il affectionne les meilleurs ouvriers dans chaque genre de travail.

« Tous ces désordres se sont réunis pour détruire la manufacture de Courtalin. Le nommé Pierre Rosse y ayant travaillé en qualité de contremaître et ses services, ainsi que ceux de sa femme ne convenant pas à l'entrepreneur, il se retira; il fit ensuite d'inutiles efforts pour y rentrer et enfin s'attacha à former au lieu de la Motte, près Verberie, l'établissement d'une nouvelle fabrique de papiers appartenant au sieur Coñgniasse-Desjardins. Le Roi condamnait ce propriétaire à 300 livres d'amende payables par corps pour avoir reçu et donné du travail à divers ouvriers de la fabrique de Courtalin, sans congé par écrit de leur dernier maître, ou du Juge du lieu; et les nommés Rosse, Deslauriers et Roche cy-devant ouvriers à Courtalin à cent livres d'amende chacun payables également par corps.... »

d'Essonnes près de Corbeil et celle de Buges près Montargis, à la fabrication du papier pour assignats[1].

Le 21 septembre 1792, la veuve de Lagarde, copropriétaire avec ses deux fils des manufactures de Courtalin et des Marais, traite avec l'archiviste de la République Camus, pour la fourniture de trois mille rames de papier destinées aux 300 millions d'assignats de 50 livres, à raison de 50 livres la rame. Le lendemain, Camus passait avec d'Anisson, propriétaire de la papeterie de Buges, un marché pour 750 rames aux mêmes prix et conditions. Ces deux traités furent approuvés le 27 septembre suivant par la Convention (Procès-verbal de la Convention du même jour).

(D'après l'abbé Lebœuf, dans son histoire de Paris, un

1. *Décret de la Convention Nationale du 23e jour de Nivôse, an second de la République Française, une et indivisible qui met en réquisition les entrepreneurs et ouvriers des Manufactures de papier.*

La Convention Nationale, après avoir entendu le rapport de ses comités de salut public et des Assignats et Monnaies, décrète :

ARTICLE Ier. — Les entrepreneurs et ouvriers des manufactures de papier établies dans toute la République sont mis en réquisition pour l'exercice de leur profession et pour le service des dites manufactures.

ART. II. — Les entrepreneurs des manufactures de papier dresseront dans les trois jours de la publication du présent décret, un état exact des noms, prénoms, âges et lieux de naissance des ouvriers qui travaillent dans leurs ateliers; ils enverront cet état certifié par la municipalité ou Comité de surveillance à l'Administration du district qui l'adressera à la Commission des subsistances et approvisionnements, qui en fera passer copie au Comité des assignats et monnoies.

ART. III. — Sur la demande des entrepreneurs des manufactures dans lesquelles se fabrique le papier-assignat, reconnue légitime par les représentants du peuple près les dites manufactures, la Commission des subsistances et approvisionnements sera tenue de requérir dans les autres papeteries le nombre d'ouvriers suffisant pour le service des dites manufactures.

ART. IV. — La même réquisition aura lieu en faveur de la manufacture dans laquelle se fabrique le papier qui doit servir au bulletin de la promulgation des lois.

L'entrepreneur fera certifier sa demande par la municipalité du lieu; il l'adressera à l'Administration du district, qui la fera passer à la Commission des subsistances et approvisionnements.

ART. V. — Les coalitions entre ouvriers des différentes manufactures, par écrit ou par émissaires, pour provoquer la cessation du travail, seront regardées comme des atteintes portées à la tranquillité qui doit régner dans les ateliers : chaque ouvrier pourra individuellement dresser ses plaintes et former ses demandes; mais il ne pourra en aucun cas cesser le travail, sinon pour cause de maladies ou infirmités duement constatées.

ART. VI. — Les amendes entre ouvriers, celles mises par eux sur les entre-

Hugues d'Anison, ou d'Anisson, bâtit en 1480 un moulin à papier dans une petite île à Essonnes. Il est assez curieux à trois siècles d'intervalle de retrouver des papetiers du même nom dans la même usine. C'était sans doute un descendant de la même famille.)

Pendant la tourmente révolutionnaire, tous les esprits étaient surexcités; la Convention dut, pour assurer la fabrication du papier d'État, prendre des mesures sévères à l'égard des ouvriers qui menaçaient de quitter les usines pour s'enrôler dans les bataillons de volontaires qui allaient défendre nos frontières menacées (décret du 10 mars 1793).

Par deux autres décrets (8 et 21 septembre 1793), elle mettait en réquisition les ouvriers des usines de Courtalin et des Marais et, par un autre du 24 septembre 1794, elle chargeait les commissaires chargés de la surveillance de la fabri-

preneurs seront considérées et punies comme simple vol. Les proscriptions, défenses et interdictions connues sous le nom de damnation seront regardées comme des atteintes portées à la propriété des entrepreneurs; ceux-ci seront tenus de dénoncer à l'agent national de l'Administration du district les auteurs ou instigateurs de ces délits, qui seront mis sur-le-champ en état d'arrestation.

Art. VII. — Nul ouvrier papetier ne pourra quitter l'atelier dans lequel il travaille, sans avoir prévenu l'entrepreneur devant deux témoins, six semaines d'avance, et celui-ci ne pourra congédier un ouvrier sans la même formalité, sinon pour cause de négligence ou inconduite duement constatée par la municipalité du lieu.

Art. VIII. — Nul ouvrier ne pourra se rendre d'une manufacture à l'autre sans un passeport signé par les représentans du peuple près les dites manufactures dans lesquelles se fabrique le papier-assignat, et dans les autres par la municipalité et visé par l'administration du district.

Art. IX. — Les entrepreneurs de papeteries pourront employer indistinctement tous les citoyens qu'ils jugeront propres au service de leurs ateliers; ils sont invités à former des élèves ou apprentis, qui seront aussi pris indistinctement parmi les enfants de tous les citoyens. Les ouvriers ne pourront sous aucun prétexte, se dispenser de leur montrer leur métier. Les dépenses d'apprentissage seront aux frais des parents des dits élèves ou apprentis, au profit des ouvriers, et ne pourront excéder cinquante livres par an.

Art. X. — Toutes les contestations qui pourraient s'élever dans les dites manufactures entre les entrepreneurs et les ouvriers, seront réglées par les administrations de disirtct, quand il n'y aura pas de représentant du peuple.

Visé par l'Inspecteur,

Signé : S. G. Monnel.

Collationné à l'original, par nous Président et Secrétaires de la Convention Nationale.

A Paris, le 27 Nivôse, an second de la République une et indivisible.

Signé : Voulland, ex-Président; Jay et Pellissier, Secrétaires.

cation du papier à assignats de continuer leurs fonctions aux dites manufactures; malgré cela, des difficultés soulevées par les ouvriers et provoquées par l'application de la loi du maximum sur les grains, denrées et marchandises se produisirent dans ces usines et donnèrent lieu à une correspondance intéressante, de la part de Frézet, commissaire du gouvernement près les papeteries des Marais et de Courtalin.

Nous donnons ci-après cinq documents qui s'y rapportent et que M. Fernand Gerbault, sous-chef de bureau aux Archives nationales, a bien voulu nous procurer[1].

I

De la papeterie du Marais, le 16 Brumaire, l'an III de la République.

Le commissaire près de la papeterie du Marais aux citoyens représentans du peuple, membres du Comité des Inspecteurs du Palais National.

Citoyens représentans,

Je vous adresse copie d'un procès-verbal contenant les demandes des ouvriers. J'ai aisément obtenu d'eux qu'ils continueront de travailler sans nouvelle réclamation jusqu'à votre décision ou au moins pendant une décade.

Je ne saurais vous témoigner combien il est pressant de leur donner une réponse satisfaisante. Le prix des denrées et étoffe augmente à toute heure de la journée : par exemple, le beurre valait hier 2 livres la livre, il vaut aujourd'hui 50 sols; les œufs valaient 3 livres le quarteron, ils se vendent aujourd'hui 4 livres; une paire de souliers se vend 15 livres; une aune d'étoffe grossière en laine du pays, valant il y a un an 5 livres, se vend 25 livres.

Je ne pourrais pas vous promettre le calme dans cette manufacture si le salaire des ouvriers ne devient bientôt proportionné aux besoins de la vie.

Salut et Fraternité.

Signé : FREZET.

II

Procès-verbal des réclamations présentées par les ouvriers de la papeterie du Marais.

Ce jourd'hui, seize Brumaire, l'an troisième de la République Française une et indivisible, à huit heures du matin, devant moi, Michel Frezet, Commissaire National près la papeterie du Marais et dans mon domicile, se sont présentés en masse les citoyens ouvriers papetiers de cette manufacture qui m'ont représenté que le prix excessif des denrées et autres choses nécessaires à la vie continuant d'augmenter de jour à autre, il leur était impossible de subsister en continuant à travailler à raison de trois livres quinze sous par journée de travail d'homme, et à raison de vingt-quatre sous par journée de travail de femme; que le six de ce mois ils avoient, par ma médiation, adressé au Comité des Inspecteurs de la Salle de la Convention leur demande d'être payés cinq livres par journée d'homme, et trente-six sous par journée de femme; que cette dernière demande déjà très modeste n'obtenant aucune réponse ils me faisaient leur déclaration que l'impossibilité de subsister les forçoit à quitter leurs travaux pour se livrer à d'autres ouvrages tels que le battage des bleds, de la

L'ordre rétabli en France, les difficultés relatées dans cette correspondance s'aplanirent et ces papeteries continuèrent

terrasse, etc., qui procurent à chaque ouvrier jusqu'à six et sept livres par jour.

Est aussi comparu le citoyen Querenet, Directeur de cette manufacture, auquel j'ai donné connaissance de la réclamation des ouvriers et demandé son avis sur icelle. Il a été répondu par lui que la demande des ouvriers n'était pas sans fondement, vu la cherté excessive des denrées, mais que, obligé à livrer son papier dit carré à la Convention au bas prix fixé, il y a plusieurs mois, par le Comité des inspecteurs du Palais National, il ne pouvait pas accorder aux ouvriers des augmentations successives de salaire sans courir à sa ruine; qu'il consentiroit volontiers à leur accorder une augmentation si la Convention se détermінoit à proportionner le prix des papiers au coût de la main-d'œuvre. J'ai proposé aux uns et aux autres de rédiger procès-verbal de leurs demandes et dires, d'en addresser une copie audit Comité avec invitation de faire réponse le plus tôt possible, pendant lequel temps les ouvriers continueroient leurs travaux. Ce parti a été adopté avec réserve de la part des ouvriers de ne continuer lesdits travaux sans augmentation de paye que pendant une décade à compter de ce jour, déclarant qu'à l'expiration de ce délai ils seront forcés de les interrompre pour se livrer à d'autres occupations.

Dont procès-verbal qui a été signé de moi, du citoyen Querenet et de ceux desdits ouvriers sachant signer, quelques-uns d'eux ayant déclaré ne savoir écrire ni signer.

Au Marais, les jour, mois et an susdits.

Signé : Frezet, Querenet, Caizergues, Dennel, Richard, Girondeau, Saussaye, Michel Fournie, Oliviers Père, Lhommet, Charles Magnier.

III

De la papeterie de Courtalin, le 22 Brumaire, an III de la République Française une et indivisible.

Guérin, Commissaire National près la papeterie de Courtalin, aux représentans du peuple, membres du Comité des Inspecteurs du Palais National.

Citoyens,

Les ouvriers papetiers de la manufacture de Courtalin éprouvant de jour en jour une augmentation considérable sur toutes les denrées, m'ont vivement sollicité de vous adresser leurs réclamations.

A cet effet, je vous envoie le procès-verbal énonciatif de leur demande à laquelle ils vous prient de faire droit le plus promptement possible. Je les ai engagés à ne pas discontinuer leurs travaux, en leur assurant que vous ne tarderiez pas à vous occuper de l'objet de leur pétition, fondée, il n'est que trop vrai, sur l'excessive cherté des comestibles que l'inexécution de la loi du maximum leur fait éprouver.

Je compte, citoyens, que vous voudrez bien me faire passer le résultat de votre décision très prochainement pour obvier à tout prétexte de désorganisation de la part des ouvriers.

Salut et Fraternité.

Signé : Guérin.

IV

Papeterie de Courtalin.

Ce jourd'hui vingt-un Brumaire de l'an troisième de la République Française une et indivisible, se sont présentés devant moi, Commissaire National près la

leur fabrication en y apportant des perfectionnements importants, qui valurent à l'Exposition de 1819, qui avait lieu au

papeterie de Courtalin, les ouvriers papetiers en réquisition dans ladite papeterie ci-après dénommés, savoir : Gabriel Fougeadoire, Pierre Sommeron, Pierre-Antoine Duclos, Jean Gorse, Jean-Baptiste Levain, Nicolas Godart, Jean-Charles Louviers, Auguste Turc, Joseph Ponty, Jean-Louis Marchand, Jean-Baptiste Lardot, Joseph Loizel, Gabriel Rimbaud, Louis Dumont, Mathieu Favier, Claude Clouvel, Pierre Granger, Joseph Berthet, Barthelemy Pegeon, Georges Géant, François Marie, Pierre Bornier et Jacques-François Tricheur, et Jean-Antoine Matagrin.

Lesquels m'ont déclaré que depuis le six de ce mois, jour où j'ai entendu leur réclamation relative à l'augmentation du salaire de leurs journées de travail qu'ils ont porté à cinq livres pour chacun, et à trente-six sous pour celle des femmes, ainsi qu'il est constaté dans les observations envoyées au Comité des Inspecteurs du Palais National ledit jour six du présent mois, le prix de toutes les denrées et autres objets est considérablement augmenté, puisqu'il est vrai que la pièce de vin qui se vendait cent livres se paye, dans ce moment, cent cinquante livres; que le beurre, qu'ils achetaient quarante-sous la livre, se vend cinquante-cinq sous; que les œufs qu'ils payoient cinquante sous le quarteron se vendent 4 livres dix sous; que la corde de bois est montée de trente livres à quarante-cinq livres; que la chandelle qui se vendait trois livres quinze sous la livre vaut de six à sept livres; que l'huile à brûler qui se payait six livres la bouteille se vend dix livres; que les sabots qui s'achetoient vingt-cinq sous la paire coûtent trente et trente-cinq sous; que le blanchissage d'une chemise qui se payait six sous se paye dix sous, etc.

Qu'au moyen de l'augmentation excessive de toutes ces denrées dont le prix s'accroît de jour en jour, indépendamment des autres objets nécessaires à l'entretien, il leur est de toute impossibilité de continuer leurs travaux si leur journée n'est portée qu'à cinq livres et celle des femmes à trente-six sous et que, pour satisfaire à toutes les dépenses qu'ils sont forcés de faire, il ne peut leur être accordé moins de sept livres pour les ouvriers et de cinquante sous pour les femmes, dans la supposition en outre que les denrées et autres objets ne viendroient pas à augmenter encore de prix, pourquoi ils feroient alors toute réclamation nécessaire.

En conséquence des déclarations susénoncées et sur la présente invitation qui m'a été faite par lesdits ouvriers d'en donner connaissance sans délai aux membres composant le Comité des Inspecteurs du Palais National pour y faire droit, j'ai, Commissaire susdit, dressé procès-verbal des réclamations y portées, et déclaré auxdits ouvriers qu'ils pouvoient en toute assurance se reposer sur la justice du Comité relativement à leurs demandes, et ont lesdits ouvriers signé avec moi à Courtalin lesdits jour, mois et an que dessus, à l'exception des citoyens Fougeadoire, Sommeron, Gorse, Levain, Dumont, Favier, Granger, Berthet, Géant et Bornier, qui ont déclaré ne savoir écrire ni signer, de ce enquis.

Signé : DUCLOS, GODARD, AUGUSTE LETURE, JOSEPH PONTY, LARDEAUX, LOYSELLE, RIMBAUD, MARCHAND, CLOUVEL, PEGEON, FRANÇOIS MARY, CHARLES LOUVIERS, MATAGRIN, TRICHEUR fils, papetiers.

Signé : GUÉRIN.

V

Rapport au Comité des Inspecteurs de la Convention Nationale sur les ouvriers des papeteries en réquisition, lu par Sergent à la séance du 6 Frimaire an III.

Par un de vos précédents arrêtés, vous m'avez chargé de me transporter

Louvre, une médaille d'argent à de Lagarde, propriétaire de la papeterie du Marais, et une médaille de bronze à Odent,

dans les papeteries de Courtalin, du Marais et d'Essonnes mises en réquisition pour le service de la Convention Nationale. L'objet de cette mission était d'entendre les ouvriers qui depuis quelque temps avaient fait diverses réclamations tendantes à une augmentation dans le prix de leurs journées de travail. Des lettres écrites par les agents nationaux qui sont au poste fixe près de ces papeteries pour correspondre avec vous, vous prévenaient qu'il n'allait bientôt être plus en leur pouvoir de retenir ces ouvriers malgré la loi qui les attache à chacune de ces fabriques. Déjà l'un d'eux, celui d'Essonnes, prévoyant qu'il aurait votre approbation, après avoir inutilement employé la persuasion, le raisonnement, le langage de la loi, avait eu recours aux autorités de Corbeil, et enfin à la force publique; à ce dernier moyen tout avait fléchi; vous approuvâtes dès lors ses mesures. J'ai cru devoir, en présence des ouvriers et en votre nom, applaudir au parti qu'il avait pris en leur assurant toutefois que le Comité avait déjà oublié cet instant d'erreur, sûr que cette expérience qu'ils avaient faite d'un moyen rigoureux leur ferait chérir et respecter davantage le langage de la loi et de l'intérêt public. Ils m'ont chargé, ces citoyens, de protester au Comité de leur obéissance à la loi, et de l'engager à ne plus leur rappeler cette faute dont ils n'avaient pas tardé à sentir les conséquences et des cris de : Vivent la République et la Convention! ont été le sceau de notre réunion fraternelle.

Au Marais, j'ai trouvé l'agent national prêt à partir pour Paris, pour venir vous demander une décision prompte sur ce salaire. Les ouvriers ne lui accordaient que le temps d'aller et revenir sans quoi ils allaient, disaient-ils, laisser leurs travaux.

A Courtalin, leurs prétentions sont plus fortes et leurs mouvemens étaient moindres.

De la part des entrepreneurs j'ai trouvé du zèle à concourir au maintien de la tranquillité et à donner des encouragements aux ouvriers.

Mais ce qui est utile à dire au Comité, et qui prouve combien l'autorité nationale, lorsqu'elle est dirigée vers la justice, lorsqu'elle se rapproche le plus des citoyens, leur devient respectable, c'est que pas le plus léger murmure n'a accompagné mes conférences avec les ouvriers; c'est que l'aménité et la décence la plus parfaite ont dicté leurs observations, que, malgré leur impatience de voir décider sur leurs demandes, je n'ai trouvé en eux aucune résistance. Nous avons causé en bons frères, et je n'ai qu'à me féliciter de leur confiance. Je les ai donc laissés tous dans ces trois papeteries dans la plus grande activité, m'ayant promis de ne se livrer à aucun écart. Il m'a fallu aussi répondre au nom du Comité à ces marques de respect et d'obéissance à la loi, en les assurant que le Comité allait dans le plus court délai s'occuper d'eux.

Nous sommes convenus qu'à la fin de ce mois au plus tard leur travail serait fixé; je le leur ai promis parce que je sais que le Comité pense que des représentans du peuple, lorsqu'ils ont à prononcer sur des besoins de quelques citoyens, ne doivent pas leur faire longtemps attendre le résultat de ses délibérations.

Les ouvriers demandent une augmentation de salaire. Le prix de leur journée a été fixé à 3 livres 15 sous pour les hommes, 1 livre 4 sous pour les femmes; les uns portent cette augmentation à 7 livres, les autres à 5 livres. Les uns et les autres se fondent sur le renchérissement excessif des denrées. Les agents nationaux que j'ai consultés m'ont exposé que ces demandes étaient justes, et je me suis assuré moi-même qu'en effet les comestibles étaient à un

propriétaire de la papeterie de Courtalin; celle-ci avait déjà reçu vingt-sept ans auparavant (1792) le titre de manufacture royale pour ses papiers vélins sans vergeures.

La famille Odent continua cette industrie jusqu'aux approches de 1870; à cette époque, elle disparut, son matériel fut vendu après la guerre.

Les Marais, sous la direction des Delatouche, Doumerc et Dumont, ont continué la fabrication du papier dont la marque est très connue parmi les éditeurs.

De nombreuses usines ont été créées, des machines les plus perfectionnées y ont été installées et, sous l'habile direction

prix si haut, qu'il en coûtait beaucoup à des citoyens livrés à des travaux de nuit, qui par là ont plus besoin d'une nourriture abondante et saine, qui, par l'espèce de leurs travaux ne pouvant s'approvisionner qu'à la fin du jour, conséquemment hors des marchés, sont obligés de tout acheter de la seconde main et plus cher que les autres citoyens qui ont la faculté de faire leurs achats dans les marchés. Dans cette saison où la terre ne produit plus rien, où les marchés ne sont pas abondamment pourvus, où les transports sont si difficiles et si dispendieux, et il faut faire remonter cet état à un mois avant celui-ci, les comestibles de toute espèce ont éprouvé une hausse considérable et ne diminueront encore de quatre mois. Les chaussures les plus grossières ont décuplé en quelque sorte, puisqu'une paire de sabots qui se vendait jadis 10 sols à la campagne, en vaut aujourd'hui de 60 à 80.

Je pense, d'après ces considérations, que vous connoissez comme moi qu'il est infiniment juste d'augmenter le prix des journées de travail des hommes à 5 livres, celle des femmes à 2 livres 10 sols dans les papeteries et de faire remonter cette augmentation à compter du mois dernier dont on leur tiendra compte.

Mais pour opérer cette augmentation de manière à ne pas la laisser à quelques-uns, car dans un nombre considérable il se trouve des esprits que rien ne satisfait et que la facilité à obtenir ce qui est juste enhardit à solliciter au delà, je pense aussi qu'il faut qu'elle ne soit que le résultat de l'opération sur le papier des lois; qu'elle ne soit accordée qu'en raison de sa fabrication et que la rétrocession au mois de brumaire ne soit indiquée que comme une espèce de gratification.

Je propose donc au Comité l'arrêté suivant :

La section, chargée de lui faire un rapport sur la confection absolue du papier des lois, s'occupera de ce travail, de manière à ce que les papeteries puissent entrer en activité à cet effet au 1er nivôse.

Elle portera dans le règlement qu'elle doit présenter le prix des journées de travail des ouvriers mâles à 5 livres et des femmes à 2 livres 10 sols.

Par forme de gratification, les ouvriers recevront à compter du 1er brumaire l'excédent de la paye de 3 l. 15 s. sur le pied de celle de 5 l. et les citoyennes de celle de 1 l. 16 s. sur celle de 2 l. 10 s.

Dans le cas où les denrées de nécessité, après l'hiver, diminueraient de moitié, ce qui serait alors constaté par les agents nationaux près les papeteries, la journée de travail resterait fixée au prix de 3 l. 15 s. comme par le passé.

de M. Bibas, directeur actuel, les papiers de la puissante société anonyme des Marais et de Sainte-Marie peuvent rivaliser avec ceux du monde entier.

Tanneries. — Draperies. — Huileries.

Des tanneries ont été établies sur le Grand-Morin, il y a plusieurs siècles.

D'après Dubarle, les premières remonteraient au XIIe siècle. Celles de Coulommiers seraient dues au comte de Champagne Henri Ier qui aurait fait venir de Troyes, vers 1172, des ouvriers tanneurs chargés de créer cette industrie.

Ce prince avait fait creuser dans Coulommiers un canal qui existe encore et sur lequel on construisit des tanneries. Il porte d'ailleurs le nom significatif de brasset des Tanneurs. Ces premiers établissements prospérèrent considérablement et restèrent florissants jusqu'au XVIIe siècle.

Il existait un grand nombre de tanneries à Coulommiers, et il n'est sans doute pas de famille un peu ancienne de cette ville qui ne doive son origine à un tanneur et sa fortune à cette industrie.

Une famille qui, depuis le milieu du XVe siècle jusqu'en 1835, vécut à Coulommiers est de ce nombre, c'est celle des Barbier, à laquelle appartenait le bibliographe Alex. Barbier, qui fut bibliothécaire de Napoléon Ier. Des membres de cette famille figurent en qualité de marchands tanneurs dans les terriers de 1534, 1604, 1665, etc.

Cette industrie décrut rapidement à Coulommiers à partir du XVIIIe siècle, en raison des impôts excessifs dont elle était chargée. Cependant en 1767, malgré l'abaissement de ce commerce, la marque des cuirs produisait encore dans cette ville 20 000 sols de droits à payer au Roi.

Actuellement, il n'existe plus que quelques tanneries et corroiries à Coulommiers.

En 1855, le Comité de l'histoire et des arts a inséré dans son Bulletin (p. 563), les statuts de la corporation des tanneurs de Coulommiers, arrêtés en 1500, et reproduisant évidemment des règlements antérieurs; Anatole Dauvergne, qui avait communiqué cette pièce au Comité, avait signalé (t. II, p. 445) les armoiries d'un tanneur de Coulommiers reproduites dans un vitrail de l'église de cette ville, représentent deux tanneurs.

Le fer à mottes (cercle de fer garni de 2 anneaux) sert de blason. On voyait encore, écrivait-il en 1854, au-dessus de la porte de la maison Desescoutes, tanneur, député aux États Généraux de 1789, un écusson sculpté dans la pierre, et chargé, comme pièce héraldique, du fer à mottes.

L'existence des tanneries à Crécy remonte aussi vers la fin du XIIe siècle; un titre du cartulaire de l'abbaye du Pont-aux-Dames de juillet 1240 cite un nommé Renaud de Crécy, tanneur, dans un procès qu'il soutenait avec Gautier de Voulangis, etc., et leurs femmes à raison de droits donnés aux religieuses du Pont, par Thierry de Couilly, cordonnier, leur oncle.

Au XIXe siècle, on cite la famille des Gravéri (de Crécy) comme exerçant la profession de tanneur.

Il existe toujours, au centre de la ville, sur les bords du Grand-Morin, le quai des Tanneries qui rappelle cette industrie qui a totalement disparu.

Des tanneries existaient égalemen à Jouy-sur-Morin (au XVIe siècle, Jehan Legeret, marchand tanneur de la paroisse de Jouy, obtient certains dépôts de voirie pour construire à Vaudoy, sur le ru du Réveillon). Il y en avait aussi à la Ferté-Gaucher, mais là, comme à Coulommiers, cette industrie, qui avait vu des jours prospères, déclina vers le XVIIIe siècle et finit par disparaître entièrement.

De nos jours il ne subsiste que quelques tanneries et corroiries-mégisseries à Crécy, à Coulommiers, peu importantes du reste.

Moulins à tan. — La création de tanneries dans la vallée entraîna l'établissement des moulins à tan.

On en adjoignit aux moulins à blé, il y en avait un peu

partout. En 1483-1504, le commandeur Emery d'Amboise en contruisit un au faubourg de Coulommiers, qui subsista jusqu'à la Révolution.

En 1532, il en existait un à Coude (Tigeaux appartenait à l'abbaye de Faremoutiers); en 1621, à la Chapelle-sur-Crécy; en 1733, au faubourg de Crécy; en 1697, à Villiers-sur-Morin

QUAI DES TANNERIES A CRÉCY-EN-BRIE

(Moulin Guillaume); en 1237, au moulin du Saule (de la Saulx?) à Prémol (Guérard), etc., etc.

Moulins à drap, fouleries, etc. — En dehors de ces diverses industries, la province de Brie possédait encore celle des draperies; de nombreux moulins à draps existaient à Provins, Lagny, Meaux, la Ferté-sous-Jouarre, la Ferté-Gaucher, etc. Ces établissements jouissaient à ce sujet d'une réputation bien établie dans les foires de Champagne; les « maîtres foulonniers » des XIIe et XIIIe siècles commerçaient dans toute la France et à l'étranger. Bourquelot dit dans son *Histoire des foires de Champagne et de Brie*, qu'au XIIIe siècle, les couvertures de Provins étaient estimées des marchands de Chypre et que les draps de cette même localité figurent sur les marchés de Narbonne. Cette industrie était protégée par les Princes et les Rois, qui en tiraient des revenus.

En mars 1350, une ordonnance du roi Jean, qui contient règlement entre les ouvriers de drap plein et de drap rouge en Normandie, mentionne les drapiers de Provins et de Lagny. Le règlement du 29 juillet 1399, approuvé par Charles VI, fait connaître que des métiers à drap existaient autrefois à Provins, Troyes, etc. (*Trésor des chartes*, R. 154, p. 466).

Dans la vallée du Grand-Morin on trouvait des moulins à drap un peu partout : à Quintejoie, aux moulins Drevault, Guillaume, Coude, Bicheret (Guérard), Courtalin, Coulommiers, Jouy-sur-Morin, la Ferté-Gaucher, etc.

Cette industrie remonte très loin. En 1290, Enguerand IV de Coucy, sire de Coucy, Oisy et Montmirail, donne au couvent de Belleau (Marne) 60 S. tz. petits, de rente, à prendre le jour de la Purification, sur les métiers à draps de la Ferté-Gaucher « a quiconque les ait et tienne » (Cart. de l'abbaye de Belleau, cité par l'abbé Boitel, dans la Vie du bienheureux Jean de Montmirail).

En 1502, l'abbaye de Faremoutiers possédait le moulin à foulons, du petit moulin du Poncet, qu'elle fit tranformer en moulin à huile vers 1540-1543.

A Coulommiers, sous Henri IV, on voit (1604), dans un terrier de Faremoutiers, quatre déclarations de biens sur Mouroux, faites par des « maistres foullons et tixerands en draps ».

En 1695, Hubert Radigue, marchand drapier à la Ferté-Gaucher, fait inventorier son mobilier et son matériel, on y voit figurer : 200 aunes de serge de la Ferté, couleur gris musc et blanc, prisées chacune 60 sols = 620 liv. t. Item, un mestier à faire serge, garni de ses ustensiles, avec fléau, balances, peignes, cardes, etc., estimés 40 liv. t.

En janvier 1693, un nommé Gilbert Paignon, drapier à Paris, obtint à son profit le transfert du privilège accordé en juillet 1684 à Jean Remacle et Cie pour établir une manufacture de drap façon de Hollande et d'Angleterre, etc., avec faculté d'établir une seconde fabrique à la Ferté-Gaucher (O¹, 37, f° 2, *Arch. nat.*).

Cette industrie était très importante au XIIIe siècle en Brie et dans la vallée du Grand-Morin, mais les troubles des XIVe et XVe siècles lui portèrent un coup funeste.

Recherchés aux XIIe et XIIIe siècles, les draps de Provins et des environs avaient vu peu à peu diminuer la faveur dont ils jouissaient (à l'étranger on créait des fabriques semblables aux nôtres), en même temps que s'affaiblissait l'ancienne prospérité des foires.

Les ordonnances de mars 1350, août 1372 et 29 juillet 1399, au moyen desquelles les princes et les rois de France cherchaient à relever le métier et la marchandise, ne pouvaient malheureusement rien contre les troubles.

La situation des drapiers s'aggrava encore dans le siècle suivant et, en 1432, Henri, roi d'Angleterre, voyant avec peine la ruine complète de cette industrie, qui avait compté un grand nombre de métiers dans les villes de la Brie, jusqu'à 3 000 à Provins (il n'en restait plus que 3 ou 4 à cette époque), lui accorda des immunités et vint en aide à ces malheureux ouvriers.

Mais, malgré toutes les mesures royales et les efforts de Louvois pour la maintenir, c'en était fait de l'industrie des draps; elle ne put se relever et alla constamment en diminuant dans notre contrée. Elle finit même par disparaître presque entièrement dans les siècles suivants. Cependant on cite encore quelques métiers au XVIIIe siècle dans la vallée du Grand-Morin. En 1768, l'hôpital de Soissons s'entend avec Charles Fagot, à la Ferté-Gaucher, pour « faire fouler à son moulin » toutes les étoffes qu'on lui remettra. Il devra les prendre à Château-Thierry, et les renvoyer à ses frais, plombées à la marque de l'hôpital, moyennant un sol l'aune.

Quoi qu'il en soit, actuellement il n'existe plus aucun moulin à drap ou métier à foulon, dans la vallée du Grand-Morin.

Moulins à huile. — Depuis les temps les plus reculés les

noyers étaient très répandus dans la Brie, leurs fruits entraient, pour une bonne part, dans la nourriture des habitants de nos campagnes; ils les mangeaient, verts ou secs, et en tiraient en outre une huile qui, sans posséder les qualités de l'huile d'olive, était cependant appréciée des consommateurs.

Aussi, les moulins ou pressoirs à huile se trouvaient-ils en grand nombre sur la rivière du Grand-Morin. Il en a existé à différentes époques aux moulins de Talemer (*troïllum*, pressoir à huile), Revault, Guillaume, la Chapelle-sur-Crécy, Serbonne, Guérard, la Celle, Courtalin, Trochard, la Vacherie, la Fontaine-Chailly, Jouy, etc., etc.

Mais, à la suite des hivers rigoureux des XVIIIe et XIXe siècles qui ont fait périr tous les noyers, les moulins à huile ont disparu. C'est encore une industrie que nous ne verrons plus.

En résumé, un grand nombre d'industries installées sur le Grand-Morin ont disparu; entre autres, celles de la fabrication des draps, du tan, de l'huile. Elles ont été remplacées par d'autres telles que la chamoiserie, la mégisserie, la fabrication du papier, des pains à cacheter, la polisserie des métaux, des cristaux, etc., etc. Malheureusement nous devons constater qu'actuellement un grand nombre de chutes (Prémol, Bicheret, Sainte-Anne, Bertrand, la Vanne, etc.) ne sont pas utilisées. Cependant les forces qu'elles représentent sont importantes et à notre époque où l'activité industrielle est si considérable, il semble singulier qu'on ne cherche pas à en tirer parti. Ce sont des richesses perdues.

§ II. — **Droits de rivière.**

Pêche, rouissage, péage, etc.

Antérieurement à la Révolution, et jusqu'à cette époque, les cours d'eau étaient productifs de divers revenus provenant de l'exercice de droits, tels que ceux de la pêche, du rouissage des plantes textiles, du péage, etc.

Ces droits appartenaient aux seigneurs possesseurs des cours d'eau.

Pêche. — Pour le Grand-Morin et dans la partie navigable, faisant partie du domaine royal, c'est-à-dire depuis le moulin de Coude jusqu'à son embouchure dans la Marne, le droit de pêche appartenait, sauf titres contraires, au roi ; à diverses reprises, il fut concédé pour plusieurs portions de la rivière par les détenteurs du domaine de Crécy.

C'est ainsi que, par une charte d'avril 1226, Hugues de Châtillon, comte de Saint-Paul et seigneur de Crécy, fait don, entre autres choses, au couvent du Pont, qu'il venait de fonder à Couilly, de : « l'eau libre entre le moulin Talemet et le moulin de Quintejoie (Cart. du Pont-aux-Dames, *Dom Toussaint Duplessis*, t. II, p. 118). L'année suivante (nov. 1227),) Hugues complète sa donation précédente, en abandonnant aux mêmes religieux ce droit de rivière ou de pêche (*piscaria* jusqu'au moulin de Liary (même Cart. L., 46 v°, *carta de augmento aquæ*).

Ces donations sont confirmées dans une déclaration du temporel de l'abbaye du Pont, faite en 1522, dans laquelle on lit :
« Pour la pesche de la rivière de Morain commençant au moulin
« d'Arnoult et descendant le cours de la rivière jusques à la

« bouche de la Marne, au-dessoubs du village de Condé qui « est de la fondation de ladite église et abbaye du Pont, « baillée à ferme à année parmy 20 liv. t. par chacun an » (*L'Abbᵉ du Pont-aux-Dames*, par Berthault, p. 198).

Les religieux tiraient parti de ce droit de pêche et l'admoniaient à bail. Il en était de même des parties réservées par le roi. En 1619 (7 mars) Louis Denis, demeurant à Crécy, se rend adjudicataire devant Fleurant Marguel, maître particulier des eaux et forêts de Crécy : 1° d'une petite rascle et pescherie appartenant au roi, sise sur la rivière de Morain, à prendre depuis le moulin de Villiers jusqu'au moulin d'Arnoul, pour trois années à partir de la Chandeleur 1619 moyennant 27 liv. t. par an ; 2° d'une autre petite rascle et pescherie à prendre depuis le moulin de Serbonne jusqu'à la porte du moulin de la Chapelle moyennant 17 liv. t.

Le même jour Pasquier Blondel, l'aîné, demeurant à Crécy, se rend adjudicataire « d'une petite rascle et pescherie appar- « tenant au roi sise sur la rivière de Morain, depuis la grosse « tour de Crécy jusqu'à la porte du moulin de Villiers, moyen- « nant 14 liv. t. par an ».

D'autres rascles de la même rivière avaient été également adjugées ce jour-là à diverses personnes pour 24 livres t. 10 sols (*Arch. dép.*, E, 1629).

On a vu plus haut que les religieux de Pont-aux-Dames jouissaient du droit de rivière sur le Morin, entre le moulin de Quintejoie et celui de Liary, en vertu de la donation de Hugues de Châtillon (1227), mais, soit en vertu d'une autre donation, ou d'un consentement verbal, entre le domaine royal et l'abbaye, les religieuses avaient étendu ce droit jusqu'à la Marne, ainsi que le constate la déclaration qu'elles firent en 1522 du temporel de leur maison ; mais Claude Porcher, qui avait acquis en 1680 du sieur Léandre de Vaudetar la terre et seigneurie de Condé, avait également fait figurer dans l'aveu et dénombrement de sa terre, les droits de haute, moyenne et basse justice, *la rivière du Morin*, depuis le moulin de Liary jusqu'à la Marne, ainsi que le droit de bac et de passage sur la rivière.

Les religieuses, ayant eu connaissance de ce fait, voulurent s'y opposer et intentèrent un procès au seigneur de Condé; après bien des plaidoiries et divers incidents, les religieuses ne sentant pas le terrain bien solide et, d'un autre côté, Porcher n'ayant pas de titres suffisamment probants, comprirent qu'une transaction valait mieux qu'un bon procès; les religieuses se désistèrent de leurs prétentions et consentirent à ce que le sieur Porcher jouisse des droits en litige dans la partie du Morin comprise entre le moulin de Liary et la Marne. De son côté Porcher fit plusieurs concessions et tout fut arrangé (1691) (*L'Abbaye du Pont*, par Berthault, p. 257).

Dans cette transaction comparurent divers personnages officiels, entre autres Jacques Fildesoye, intendant et procureur fiscal de l'abbaye, qui se faisait nommer dans les actes « Monsieur de la Rivière ».

Le 9 juin 1775, l'abbaye du Pont louait encore le droit de pêche dans le Morin, entre les moulins de Quintejoie et de Liary, à Philippe Boivin, meunier au premier de ces deux moulins, à F. Tourrouse, meunier au moulin Neuf; à Marie-Anne Fagot, Ve Boivin, meunière au moulin de Liary, moyennant 33 livres t. par an, à charge de se conformer à l'ordonnance du mois d'août 1669 (*Abb. du Pont*, p. 322).

Aujourd'hui, dans la partie navigable, la pêche appartient à l'État, qui s'est substitué au roi. Elle était affermée jusqu'en 1904, en plusieurs lots, moyennant une redevance totale annuelle de 2 045 francs pour 16 kilom. 600. Les baux de pêche viennent d'être renouvelés en 1905.

Dans la partie non navigable, située en amont du moulin de Coude, le droit de pêche appartenait au seigneur riverain, qui l'affermait généralement moyennant redevance à quelque meunier ou habitant du voisinage :

Du moulin de Coude à celui de Genevray : au seigneur de Dammartin;

De Genevray au moulin de la Celle : au seigneur de la Malmaison (Guérard);

De là au moulin de Bertrand, au couvent de la Celle;

De ce dernier moulin au moulin de Coubertin, aux religieuses de Faremoutiers, qui l'afferment par bail du 19 janvier 1587 pour trois années « pour y pescher à toutes sortes de filets ».

A cette époque, l'abbaye de Faremoutiers possédait une petite maîtrise des eaux et forêts; en 1675, un sieur Christophe de Launoy, sieur de la Flèche, garde du corps de la feue reine, se qualifie « maître particulier des eaux » de cette maîtrise. Le 23 septembre 1768, les religieuses de Faremoutiers louent par bail devant Gillet, notaire audit lieu, à Nicolas Lemaire, pour neuf années et moyennant 18 liv. t. par an, le droit de pêche, du moulin de Courtalin à Pommeuse, sous la réserve qu'il ne pourra empêcher le meunier de Tresmes de pêcher si les religieuses lui en donnent la permission; Lemaire était sans doute disparu, car le 13 septembre 1773 devant Cordelier, notaire à Faremoutiers, le bail est renouvelé à François Vion, vigneron (H. 484, *Arch. dép.*).

Sur le territoire de Mouroux, le droit de pêche appartenait avant la Révolution au marquis de Montesquiou-Fezensac, premier escuyer de Monsieur, frère du Roi.

Au delà jusque dans la paroisse de Saint-Siméon, au seigneur châtelain de Coulommiers [1]; il était compris dans son domaine, et affermé en 1719 à Charles Lejeune, de Coulommiers (E. 1777, *Arch. dép.*). A Jouy-sur-Morin, le 20 avril 1496, les religieuses de Faremoutiers passent bail à surcens à Jean de Bonneval, écuyer seigneur vassal de Jouy, moyennant 20 sols de rente par an, du cours de l'eau au moulin Blandin, près le moulin de la rivière Champoil(?) (H. 647, *Arch. dép.*).

Rouissage. — Dans les droits de rivière il fallait encore

1. Le 19 octobre 1649, Henri d'Orléans, duc de Longueville, seigneur de Coulommiers.

comprendre celui de rouissage, qui consistait à prélever une redevance sur le lin et le chanvre que les particuliers déposaient dans le lit du cours d'eau, et laissaient séjourner assez longtemps pour que les fils textiles se séparassent plus aisément de la partie ligneuse. Le tarif ne nous est pas parvenu, mais on peut penser qu'il devait être bien arbitraire.

Le 20 décembre 1777, l'abbaye du Pont-aux-Dames afferme ce droit sur la partie du Morin dont elle jouit, moyennant 12 liv. t. par an, « pour par le locataire jouir et faire la « perception dudit droit en tous fruits et profits, selon les « anciens usages que ce dernier a dit bien connaître » (*L'Abbaye du Pont-aux-Dames*, par Berthault, p. 321). Cette coutume, qui empoisonnait les eaux, a heureusement disparu.

Péage. — C'était encore un droit de circulation et d'entrée pour un homme à pied, ou de véhicules chargés de marchandises. Il était perçu par les seigneurs chargés de l'entretien des chaussées, ponts, levées et du curage des rivières, etc. Si l'on en croit certains auteurs, la perception de ce droit remonterait à la venue de Jules César dans notre pays. Cordier (de Coulommiers) dit que les officiers du célèbre proconsul romain en avaient établi un à Pontmoulin, à la rencontre des deux voies romaines; que plus tard ils en établirent un autre à Pommeuse à la traversée du Grand-Morin par la voie de Sens à Meaux, et peut-être encore ailleurs. Ils percevaient une redevance sur tous ceux qui passaient dans ces endroits; c'était en quelque sorte une rétribution due aux soldats chargés de l'entretien de ces passages, et de la protection des voyageurs. Nous citons le dire de Cordier sans nous y appesantir, dans la circonstance, l'autorité de l'excellent historiographe, dénuée de toute preuve à l'appui, ne nous paraissant pas un titre suffisant pour accepter ce dire sans réserve.

On comprend que, sous les siècles qui suivirent, les seigneurs féodaux, profitant de l'affaiblissement du pouvoir royal, en établirent dans leurs domaines pour se faire des revenus, et cela en si grand nombre que la Royauté finit par s'émouvoir des plaintes que soulevaient ces abus.

A diverses reprises les rois de France avaient tenté sans succès de les réprimer et il fallut attendre la Révolution de 1789 pour les voir disparaître.

A Couilly, ce droit de péage est relaté dans une charte d'août 1228, par laquelle Hugues de Châtillon donne au curé de Couilly (qui renonce à toutes oblations, ne se réservant que les fiançailles et les baptêmes, dans l'enclos et dans l'église conventuelle), et à tous ses successeurs à perpétuité, quarante sous de rente à percevoir sur le péage du pont de Couilly et 20 liv. de Provins pour acquérir un revenu dont jouiraient à l'avenir tous les curés de Couilly (*L'Abb. du Pont-aux-Dames*, par Berthault, p. 87).

En 1619, ce droit de péage était baillé à Pierre Jardin pour trois ans moyennant 9 liv. t. par an (E. 1629. *Arch. dép.*).

En 1640, ce péage figure encore dans les revenus de la terre de Crécy, engagée au duc de Coislin, pour une somme de 60 liv. t.

Par acte du 24 juin 1759, passé devant Bertin, notaire à Crécy, M. Ménage de Mondésir dernier engagiste du domaine de Crécy, le donne à bail pour neuf années, moyennant un loyer annuel de 100 liv. t.

On voit que, de 1619 à 1759, les revenus de ce droit de péage avaient passé de 9 liv. t. à 100 liv. t. par an.

Il est vrai que le taux de l'argent avait bien diminué pendant ce laps de temps.

Dans le procès-verbal d'estimation, de la même terre dressé pour le comte d'Eu, du 7 septembre 1762 au 15 septembre 1784, les conseillers du roi, commis à cet effet, fixèrent l'évaluation du péage du pont de Couilly à la somme de 151 liv. t. 12 s. 4 d., et établirent de la manière suivante « le tarif *ou pancarte* » des droits qui devaient être perçus à l'avenir :

	Sols.	Den.
Les chevaux de somme, ânes, mulets	»	6
Les chariots	2	»
Les porcs	»	2
Les bêtes à cornes	»	6
Le cent de bêtes à laine	8	»
Les charrettes servant de voitures publiques	1	»
Les coches	2	»
Les carrosses chargés de butin	1	»

Et par jugement du 22 février 1776, ils ordonnèrent que ce tarif serait inscrit sur un tableau affiché à un poteau, planté sur le pont, afin que personne n'en ignore, et défendirent aux fermiers ou régisseurs d'exiger d'autres droits, sous peine de poursuites (*Arch. nat.*, Chambre des comptes, Échanges, p. 2198).

Dans ce tarif il n'est pas question des personnes, il est présumable que les prix indiqués comprenaient le passage du conducteur des animaux et des véhicules.

Les seigneurs de Coulommiers possédaient aussi plusieurs péages, tant dans l'intérieur de la ville qu'au dehors. Ils en avaient établi un au faubourg de Provins, un autre sur le pont aux Vaches, sans compter celui de Pontmoulin; ce dernier était très ancien et pouvait être justifié, mais quant aux deux autres ils existaient sans droits.

Ces droits devaient procurer des revenus considérables puisque ces princes y assignaient fréquemment des rentes importantes. Il y avait d'abord une rente de 20 liv. t. en faveur du chapitre de Meaux, par suite d'une libéralité qui lui avait été faite en 1197 par Thibault III, comte de Champagne; à l'abbaye de Fontaine, les nonnes jouissaient également, sur les péages de Coulommiers, d'une rente annuelle de 25 liv. t., qui provenait d'une donation que leur avait faite le même seigneur en 1198; puis encore une autre de 2 liv. t. en faveur de l'église de Meaux, octroyée en 1192 par Marie, comtesse de Troyes. Pour la châtellenie de Coulommiers, tous ces droits furent supprimés par arrêt du conseil du roi du 26 avril 1782 (*Essais*, Michelin, t. IV, p. 1232).

Quant aux autres péages qui avaient pu être établis, hâtons-nous de le dire, sans aucun droit dans chaque seigneurie, ils étaient tombés presque à rien au XVIIIe siècle, et la Révolution, en les supprimant, n'a fait que consacrer un état de choses déjà existant.

§ III. — Navigation.

Depuis déjà plusieurs siècles, les cours d'eau sont utilisés pour le transport des bois. Primitivement les particuliers jetaient à l'eau les morceaux qu'ils voulaient transporter et les guidaient dans leur course au moyen de longues perches. A la rencontre des obstacles, créés par les barrages des moulins, ils les reprenaient à la main, les rejetaient à l'eau, et le voyage se continuait ainsi jusqu'au lieu de destination. C'était en somme le flottage à bûches perdues. Ce mode de transport a été employé autrefois sur le Grand-Morin, sur une grande partie de son cours.

Ce fait est relaté par l'Ingénieur en Chef du département de Seine-et-Marne qui, en 1823, disait que « le flottage, n'a « pas lieu habituellement en amont du moulin de Tigeaux; « cependant on a vu quelques propriétaires riverains se « servir du cours du Morin pour faire arriver leurs bois à « Tigeaux au moyen de petites flottes qu'ils retiraient de la « rivière et transportaient par terre au passage des usines « qui, comme celle de Coude, barrent entièrement le cours « d'eau ».

Cette pratique a complètement disparu dans la partie non navigable, c'est-à-dire en amont de Tigeaux. Il est certain que ce mode de transport laissait beaucoup à désirer, et on dut de bonne heure songer à améliorer le cours de la rivière en régularisant ses berges, en installant des pertuis, etc.

Il paraît résulter d'un arrêt du Parlement de Paris de 1486 que l'autorité royale aurait cherché, dès cette époque, à rendre le Grand-Morin navigable (d'après M. Berthault :

Chelles, III, 235). L'arrêt en question se trouve aux archives de la Préfecture de Police de la Seine (Livre vert neuf, fol. 165). Il porte :

« La court a ordonné et ordonne au Lieutenant criminel, « bailler les caïmans et gens oyseux (mendiants et vaga- « bonds) qu'il a fait enserrer, à Simon de Saint-Benoist, « pour, par luy, les faire besongner et décombrer la rivière « de Morin et y celle faire naviguable en suivant les lettres, « sur ce octroyées par le Roy. Fait en parlement, le 23 jour « de Décembre, de l'an de grâce 1486. »

François Ier s'intéressait particulièrement à faire rendre navigables les rivières avoisinant Paris, tant en amont qu'en aval de cette ville, ainsi que le montre une lettre qu'il adressait le 27 mai 1520 aux prévôts des marchands et échevins de Paris, par laquelle il leur prescrivait de faire curer et rendre navigables diverses rivières, entre autres le Morin, etc. Nous donnons ci-après copie de cette lettre (Berthault : *Chelles*, III, 235, et *Arch. de la Préf. de Police*, Livre vert neuf, fol. 165).

27 may 1520.

Lettres de permission aux Prevost des Marchands et Eschevins de la Ville de Paris, de rendre navigables les rues ou rivières de Senyn, Vannes, Morin, Ourc et autres au-dessus et au-dessous de ladite ville.

(Elles sont adressées au Parlement, et ne paroissent vérifiées[1].)

François par la grâce de Dieu, roy de France, à tous ceulx qui ces présentes ltres verront, Salut. Comme pour fourme les habitans et autres personnes affluans en grant nombre et comme inextimable en nôe bôe ville et cité de Paris, principalle et capitalle de nôe royaume, soit le soing et necessaire et affluer continuellement et en grant quantité par bon ordre et pollice, blez, boys, foings, advoines ou autres biens et provisions utilles resonnables. Or est-il que les rivières de Seyne, Marne, Yonne et autres fleuves descendans en icelles, tant au-dessus que au-dessoubz de nostre ville et cité de Paris est la princippalle cause et moyen plus convenable pour admener et conduire lesdits blez, boys, foings,

1. *Arch. nat.*, K. 953, n° 2[b].

advoynes et autres provisions en nôe bonne ville et cité de Paris en laquelle, grâce à Dieu, le peuple multiplie et habonde de jour en jour. Parquoy est besoing de plus grande et habondante provision. Poour pourveoir auquel affaire et necessitez Noz tres cheer et bien amez les prevost de marchans et eschevins de nôe bôe ville et cité de Paris ont faict veoir et visiter par gens en récongnoissants les fleuves venans et descendans es de rivières tant au dessuz que au dessoubz de nôe ville et cité de Paris, entre lesquelz ont trouve plusieurs petites rivières affluans et descendans esd. rivières. C'est assavoir les ruz et rivières de Senyn, Vannes, Morin, Ourcq et autres, qui sont facilles à rendre ferme et tenue navigables, environnées de pays utilles et convenables, tant pour blez, boys, foyns, avoynes, que autres necessitez à l'augmentaôon, prouffit, utillité et commodité, non seullement de nôe bôe ville et cité de Paris, mais de ceulx qui ont terres, seigneuries, heritaiges, proprietez et possessions au long et environ dudit ruz ou rivières de Senyn, Vannes, Morin, Ourcq et autres, en tant qu'ilz en auront meilleure et plus prompte délivrance de leurs biens, fruitz, boys et autres marchandises sur lesdits ruz ou rivières sont faictes navigables. Lesquelz prevost des marchans et eschevins de nôe bôe ville et cité de Paris feroient voulentiers curer, nectoyer, eslargir et faire toutes choses convenables pour faire navigables, lesdits ruz ou rivières descendans ou habondans esd. rivières de Seyne, Marne et Yonne. Mais ilz doubtent qu'ilz ne le puissent faire sans qûe auctorité et permission de nous. Aussi que aucuns particulliers ayans héritaiges, gomode, moulin, escluzs et perchcoicer et autres empeschemens sur ledit ruz ou rivières ne voulsissent souffrire ne promectre desmolir ni faire les chemyns de deulx prendre recompencer convenables et me retarder et empescher lesdits ouvraiges consequemment le bien prouffict utillité et commodité de la chose publicque. Si par nous n'estoit surre pourveu de nôe grâce provision et remedde convenable, humblement requerant icelles. Savoir faisons que nous ces choses consdevers, mesmement la grandeur de nôe ville et la multitude du peuple resident et affluent en icelle. Et en laquelle nous et les princes et seigneurs de nôe sang faisons et esperons souvent faire residence. Pour ces causes et autres à ce nous mouvons. Avons voulu et ordonner, voulons et ordonnons de nôe certaine science, grâce especial plaine puissance et auctorité royale. Que lesd. prevost des marchans et eschevins de nôe bôe ville et cité de Paris puyssent faire aveoir nectoyer et rendre navigables tant lesdits ruz ou rivières de Senyn, Vanne, Marne, Ourcq que autres au-dessuz et au-dessoubz de nôe ville et cité de Paris. A prandre et commancer depuis telz lieux qu'ils verront estre convenables, et pour ce faire faire abbattre et desmollir lesdites gourde et escluses, moulins, terres, héritaiges ou autres empeschemens qu'il conviendra prandre abattre et desmolir iceulx. Premièrement estimez justement et loyaument. Et ceulx à qui ilz appartiendront satisfaiz et payez de la valleur au regard au prouffit et commodité qu'ilz pourroient avoir à ladvenir à loccasion desdites rivières aussi rendues navigables. Ordonnons en mandement par cesdites présentes à noz amez et feaulx conseillers les gens tenans nôe court de parlement à Paris que après ce qu'il leur sera apparu de la visitacion desdits ruz ou rivières, et desdits ponts, moulins, escluses et héritaiges que l'on conviendra prandre abbattre et desmolir pour faire lesdits ruz ou rivières navigables iceulx preallablement extimez justement et loyaulment en main de justice ilz souffrent et promectent faire lesdites desmolicions, mectre et rendre lesdits ruz ou rivières en estat navigable (en regard à ladite commodité et prouffit comme dessus). Et aussi satisfaitz et payez ceulx à qui ilz appartiennent pour prandre et compter veullent ledit payement ou sinon. Et en leur reffuz lesdits prix extimez et qui par nôe court seront ordonnez, et consignez. Et lesdits prevost des marchans et eschevins, foys et user plainement et paisiblement de nos dites présentes ordonnances. Vouloir permission et octroy. Sans leur mectre ou donner ne souffrir estre faict, ou donner aucun destourbier ou empeschement. Et à ce faire et souffrir. Contraignent ou facent contraindre tous ceulx qu'il appartiendra et qui pour ce feront à contraindre royaument et de faict par toutes voyes et manieres douce et raisonnables. Nonobstant oppôns ou appellacions quelzconques faictes ou à faire relever ou à relever et sans procéder d'icelles. Pour lesquelles ne voulons ne entendons estre aucunement differé. Par tel est nôe plaisir. En temoing de ce nous avons faict mectre nôe seel à cesdites présentes. Donné à Monstreuil le xxby^me jour de may. Lan de grace mil cinq cens vingt et de nôe règne le bi^me tt.

Par le Roy,
DENEUFVILLE.

Le Parlement de Paris ne se montre pas de meilleure composition, dans un arrêt par lequel il ordonne de saisir les caïmans « et oisifs pour les employer aux travaux de la petite rivière le Morin ».

Il est donc à peu près certain que des travaux furent exécutés, dès cette époque, mais ils ne furent sans doute pas poursuivis dans les années suivantes, et ce qui semble bien confirmer cette assertion, c'est qu'avant l'année 1595 aucun des baux des moulins ne fait mention de la « Porte à bateaux » ; à partir de 1618, dans tous les baux des moulins, dans ceux de Saint-Germain, par exemple, figure une clause obligeant les locataires à entretenir « la porte par où passent les bateaux ». D'un autre côté M. l'abbé F. Denis dit que des travaux de navigabilité assez importants furent entrepris, vers la fin du XVIe siècle (1595), entre Tigeaux et l'embouchure du Morin à Condé, et terminés vers 1618 (*L'Agriculture dans la Brie*, p. 247).

A partir de cette époque la navigation s'exerça sans grand changement jusqu'à nos jours.

Un édit royal de 1672 est l'acte le plus ancien que l'on connaisse, concernant la réglementation de la navigation du Grand-Morin. Cet édit informe les meuniers établis sur ce cours d'eau qu'ils doivent ouvrir leurs portes marinières pour le libre passage des flottes. Il n'y est pas question de bateaux. Peut-être la navigation se bornait-elle, à cette époque, au transport des bois en grume.

La navigation était donc suspendue lorsque les seigneurs justiciers du cours d'eau avaient besoin de faire exécuter diverses réparations aux écluses, vannes, déversoirs, etc., de leurs moulins; c'est ainsi qu'en 1720 Pierre Charlet, chevalier seigneur d'Esbly et d'Iles-lès-Villenoy, du port de la grande cour, etc., Conseiller du Roi, fait savoir « à tous marchands mariniers, flotteurs, pêcheurs, compagnons et tous « autres qu'il appartiendra qu'il fera commencer à faire travailler et faire les réparations qu'il convient de faire aux « écluses, sœuil du pont du Morin a Esbly, du 4 au 10 septembre 1720, et fait defenses à tous de faire remonter ou « descendre, pendant ce temps, aucunes marchandises, bateaux « trains de flottes, boutiques, etc., à peine de dommage » (B n° 59, *Arch. dép.*).

Les meuniers remplirent, pendant longtemps, et sans trop

récriminer, cette obligation; d'ailleurs la navigation n'était pas importante, l'ouverture des portes à bateaux ne leur causait pas de grands dommages; mais, vers 1889, de grandes coupes de bois ayant été opérées dans la forêt de Crécy, leur exploitation donna lieu au lancement de flottes nombreuses et importantes sur le Grand-Morin.

Les meuniers commencèrent à se plaindre, mais l'exploitation étant terminée et la navigation ayant repris sa régularité ordinaire, ils finirent par croire qu'ils seraient pour de longues années à l'abri d'une nouvelle aggravation de leur servitude; mais tout à coup des industriels de Montry, Esbly, Mortcerf, firent remonter et descendre des bateaux chargés de lourds et encombrants produits, et cela en si grand nombre que les chômages en résultant atteignirent pour certains moulins jusqu'à 30 heures par semaine.

Les meuniers firent entendre de vives protestations, contre cet usage abusif du cours d'eau, disaient-ils.

Ils n'étaient pas en bonne posture vis-à-vis des industriels, car ceux-ci leur opposaient la servitude à laquelle leurs usines étaient soumises et répondaient qu'ils avaient le droit de faire usage du cours d'eau toutes les fois que leur intérêt leur commandait. La discussion menaçait de tourner à l'aigre, lorsque l'Administration s'émut de la situation, et invita le service de la navigation à lui soumettre un projet de réglementation de l'usage des eaux de la rivière.

Ce projet, qui limitait le nombre de jours par mois pour l'ouverture des portes, lorsque le débit descendait au-dessous de 2 m. 50 par seconde, fut soumis à une enquête publique dans toutes les communes de la vallée jusqu'à, y compris, celle de Guérard; au cours de cette enquête, il y eut des dépositions pour et contre les dispositions du projet; le Conseil général fut consulté; enfin, après une longue instruction et avis de l'administration supérieure, le Préfet prit, à la date du 23 mai 1899, l'arrêté suivant :

PRÉFECTURE DE SEINE-ET-MARNE

Rivière du Grand-Morin.

Police de la navigation.

ARRÊTÉ

Le Préfet du département de Seine-et-Marne, commandeur de la Légion d'honneur,

Vu la délibération du Conseil général en date du *11 avril 1899*, demandant de prendre immédiatement et d'une façon préventive les mesures nécessaires pour réglementer la navigation sur le Grand-Morin;

Vu la décision de M. le ministre des Travaux publics, en date du 2 septembre 1898, relative à la réglementation de la navigation sur cette rivière;

Vu les propositions des ingénieurs du service de la navigation, des 2-3 mai 1899;

Vu l'avis de M. le sous-préfet de Meaux, du 15 mai 1899;

Vu la loi des 22 décembre 1789, janvier 1790;

Considérant qu'il est nécessaire, en raison du faible débit de la rivière pendant la saison sèche, de limiter le nombre des flots pour que la batellerie puisse tirer le meilleur parti des eaux dont on dispose; et que le régime des éclusées pourra être établi lorsque le débit sera descendu à 2 mc. 50 par seconde,

ARRÊTE :

ARTICLE 1er. — Pendant la période des basses eaux de l'année 1899, dès que le débit descendra à 2 mc. 50 par seconde et au-dessous, le régime des éclusées avec marche des bateaux en convois fonctionnera sur la partie navigable du Grand-Morin entre le moulin de Coude et l'écluse de Couilly dans les conditions déterminées par les article suivants.

ART. 2. — Les bateaux et trains de bois descendant se grouperont pour passer à la porte à bateaux de Tigeaux en un seul convoi dans la matinée du 1er, du 7, du 13, du 19 et du 25 de chaque mois. Ils franchiront dans la même journée les portes marinières des biefs inférieurs jusqu'au bief de Crécy.

Le lendemain, c'est-à-dire le 2, le 8, le 14, le 20 et le 26 de chaque mois, les bateaux et trains de bois se grouperont pour franchir la porte de Crécy en un seul convoi dans la matinée, et la descente s'opérera pendant cette seconde journée jusqu'à l'écluse de Couilly.

Les bateaux et trains de bois partant des biefs intermédiaires devront se présenter en même temps que le convoi descendant pour franchir les portes marinières et dans le cas où aucun bateau ne viendrait des biefs supérieurs, ils effectueront leur descente dans les conditions et aux dates ci-dessus fixées.

Art. 3. — La remonte des bateaux s'effectuera dans la journée du 4, du 10, du 16, du 22 et du 28 de chaque mois, entre l'écluse de Couilly et le bief d'aval de Crécy et le lendemain, c'est-à-dire le 5, le 11, le 17, le 23 et le 29 de chaque mois, elle s'opérera entre la porte de Crécy et le port de Tigeaux.

Le passage aux portes à bateaux se fera toujours en un seul convoi. A la remonte, les bateaux et trains de bois partant des biefs intermédiaires procéderont comme il est stipulé pour la descente.

Art. 4. — Les portes à bateaux devront être fermées aussitôt après le passage du convoi. Chacune de ces portes ne devra pas rester ouverte pendant plus d'une heure.

Art. 5. — Les dispositions du présent arrêté seront appliquées pendant la période des faibles débits, quand le service de la navigation aura constaté que le débit de la rivière est descendu à 2 mc. 50. Les usiniers devront faire les manœuvres nécessaires pour permettre aux agents de la navigation d'apprécier le débit.

Art. 6. — L'application du régime des éclusées sera portée à la connaissance de la batellerie par voie d'affiches.

Art. 7. — M. l'Ingénieur en chef de la navigation de la Marne et du Grand-Morin est chargé d'assurer l'exécution du présent arrêté, dont ampliation sera adressée à M. le sous-préfet de Meaux.

Melun, le 23 mai 1899.

Le Préfet de Seine-et-Marne,
P. Boegner.

Les prescriptions de cet arrêté furent appliquées pour la première fois le 14 juillet 1899, et donnèrent lieu à des protestations assez vives de la part de plusieurs industriels et mariniers, mais l'administration n'en tint pas compte, l'arrêté fut maintenu, et rendu de nouveau applicable en 1900.

A l'heure actuelle, le calme semble être revenu sur les bords de la charmante rivière, et il faut espérer que tous les intéressés en prendront leur parti.

Cependant il faut reconnaître que l'arrêté préfectoral du 23 mai 1899, en restreignant l'exercice de la navigation, favorise les meuniers au détriment des mariniers. En effet, tous les titres d'acquisition, baux, etc., contiennent l'obligation « d'ouvrir les portes à bateaux » sans limitation de quelque sorte que ce soit.

Ainsi, en 1710, les meuniers du domaine de Crécy déclarent qu'ils ne peuvent payer les redevances en grains « attendu la « nécessité de l'année, les bleds gelez, le défaut de mouillage « à l'ordinaire, le montage et avalage des batteaux incessant « à cause des augmentations des bois vendus et voiturés au « triple de l'ordinaire qui empêche de moudre » (E. 1649, *Arch. dép.*).

En 1791, lors de la vente du moulin de Talemer, le procès-verbal d'adjudication, du 22 janvier, contient cette clause : « L'acquéreur sera tenu d'ouvrir et boucher le perthuis pour « le passage des bateaux, flottes et autres trains, tant mon- « tants que descendants, d'entretenir les écluses dudit « moulin, la porte par où passent ces bateaux, vannes, pieux, « chaperons ou billes, règles, et tout ce qui en dépend, par « moitié, dont ledit moulin est tenu ». L'autre moitié était due par le moulin de Saint-Germain, établi sur la même retenue.

De même, dans un bail du moulin de Villiers, du 14 août 1783, il est stipulé la clause suivante à la charge du preneur :

4° Souffrir les grosses réparations dans les logis du « mou- « lin, bâtiments en dépendant, même à la porte à bateaux, « souffrir les chômages nécessaires » (E. 198, *Arch. dép.*).

En résumé, l'obligation de la manœuvre des portes à bateaux, pour l'exercice de la navigation, incombe aux détenteurs des usines et moulins, ces derniers ne peuvent ni s'y soustraire, ni même en diminuer la fréquence sans léser les intérêts de la batellerie; et les représentants de cette industrie étaient fondés à présenter des observations au sujet des dispositions prévues au projet de réglementation soumis à l'enquête.

Cependant il faut aussi reconnaître que, par suite de l'importance prise par la navigation dans ces vingt dernières années, une entrave considérable était apportée au fonctionnement des usines. Les chômages devenaient si nombreux et si importants que, pour certains usiniers, il valait mieux fermer l'usine.

On peut critiquer cette restriction apportée au libre exercice de la navigation, qui est d'ailleurs en contradiction avec les titres des usines, mais en présence de la diminution constante du débit de la rivière et de l'importance prise par la navigation, les uns et les autres ne pouvaient que perdre à la libre manœuvre des portes à bateaux, car le gaspillage de l'eau qui en résultait, rendait trop souvent impossibles l'exercice de la navigation d'une part, et la marche des usines de l'autre.

L'administration supérieure a donc cherché, en fixant des jours pour la manœuvre des portes, à supprimer dans la plus grande mesure possible les pertes d'eau si préjudiciables aux deux industries. Il nous paraît qu'elle a atteint son but. Ce n'est peut-être pas la meilleure solution, car il nous semble qu'on pourrait contenter tous les intéressés en établissant des écluses ordinaires. Ce serait, il est vrai, une bien grosse dépense qui pourrait atteindre au bas mot 300 000 francs, mais elle pourrait être répartie par tiers entre l'État, les usiniers et la batellerie.

Pour la part de cette dernière, l'État devrait en faire l'avance, sauf à se récupérer par la perception d'une redevance sur les produits transportés; on pourrait ainsi utiliser des bateaux d'un tirant d'eau de beaucoup supérieur à 0 m. 90.

De nombreux ports ont été créés sur le Grand-Morin : Tigeaux, Crécy, Villiers, Saint-Germain, etc. Ils suffisent à l'expédition des produits.

Le tonnage, qui était de 1 859 t. en 1880, est passé en 1898 à 7 454 t. tant pour la montée que pour la descente. Les produits transportés consistent surtout en bois de charpente et de chauffage, provenant de la forêt de Crécy et amenés au port de Tigeaux; et pour deux tiers environ, du tonnage réel de briques, de chaux, de plâtre, de pierres, et de produits agricoles.

Le prix de revient de l'entretien n'a pas atteint 0 fr. 008 par tonne en 1898.

Nous terminerons ce résumé en disant qu'en droit, et suivant l'ordonnance du 10 juillet 1835, le Grand-Morin est navigable sur 17 kilom. 400, mais qu'en fait la navigation ne s'y exerce plus en aval de la prise d'eau du canal de Chalifert à Couilly, soit en réalité sur 13 kilom. 290.

La différence de niveau est de 10 m. 14, entre le moulin de Coude et la Marne, pour une longueur de 17 kilom. 400 répartie entre 12 biefs.

CHAPITRE IV

I. — Historique des Moulins et Usines du bassin du Grand-Morin.

1. — Moulin d'Esbly.

Un moulin aurait été établi, paraît-il, par l'abbaye du Pont-aux-Dames sur un brasset du Morin, vers la queue de l'île de Condé; mais comme il était trop rapproché de la rivière de Marne, il était souvent noyé et se trouvait dans l'impossibilité de fonctionner, ce qui amena sa destruction.

Il est du reste question d'un moulin à Esbly dans une charte de 1228, contenant traité entre Hugues de Châtillon, seigneur de Crécy, et les habitants d'Esbly pour l'établissement d'un vivier dans les pâturages marécageux situés entre Esbly et Coupvray. La famille Charlet, devenue au XVIe siècle possesseur de la seigneurie d'Esbly, en construisit un nouveau vers 1530, c'est celui qui existe actuellement. Le 24 septembre 1720, Isaac Canda était meunier du moulin d'Esbly et en cette qualité demandait au seigneur (le sieur Charlet) de faire exécuter divers travaux aux écluses et à la porte à bateaux du côté de Condé.

En 1728, le meunier Bonnille Augustin fait procéder en sortant à la prisée qui était évaluée à 1 576 livr. t. 10 s. Le meunier entrant est Nicolas le Roy.

Il devint plus tard (1778) la propriété du prince de Rohan-Guéménée. A cette date il était exploité par un nommé Pachot, dont les descendants ont été meuniers au même lieu pendant plus d'un siècle.

Au prince de Rohan-Guéménée succéda Armand-Jules de Rohan, archevêque de Reims, puis le neveu de ce dernier, Jules-Hercule-Mériadec de Rohan, auquel il appartenait encore à la Révolution. Confisqué, il fut vendu comme bien national, le 23 janvier 1791, au marquis d'Orvilliers, qui le revendit en 1792 à M. Aubé, de Meaux, qui le céda lui-même, l'année suivante, à M. Leclerc. Il passa ensuite jusqu'en 1830, à la famille Pachot dont les ancêtres l'avaient habité pendant de longues années comme locataires. L'un d'eux comparut dans un bail de trois pièces de terre, passé le 23 janvier 1782, avec le représentant du comte d'Eu.

De 1840 à 1850, on avait installé deux moulins dans la cage. En 1857 il appartenait à M. Chalot, qui fit exécuter d'importantes réparations au déversoir.

En 1867, la force motrice était transmise par une roue de côté, à trois paires de meules de 1 m. 50 de diamètre, montées à l'anglaise.

Depuis, ces meules ont été remplacées par trois cylindres qui continuèrent à écraser du blé. Une seule paire de meules a été conservée.

Il peut annuellement moudre 15 000 hectolitres de blé; il appartient actuellement à M. Tartier et est exploité par M. Baticle, meunier.

2. — Moulin de Liary ou de Montry.

Bâti sur la rive gauche de la rivière, son existence doit remonter aux temps carolingiens. Il est cité dans une charte de Charles II, dit le Chauve, de l'année 853, dans laquelle ce monarque confirme le don fait par le comte Adélard à l'église de Saint-Maur-des-Fossés, près Paris, d'une grande quantité de terres situées dans le Mulcien et dépendant de la ville de Couilly, savoir :

« Vingt-cinq bonniers de terre labourable avec la vigne qui « est assise au lieu dit le Trémont, les trois arpents de pré « dits les Pendaries, le moulin dit le moulin du Mont-Eric, et

« dans le village appelé Montry le manse censuel que tient « Nodalbert avec ses héritiers... » (*Lettre historique sur Couilly*, par Berthault, p. 9 et 10).

(Cart. Fossat, folio 337. Intitulée : Privilegium Karoli Regis super confirmatione terrarum ab Adelardo Comite Ecclesiæ Fossatensi, legatarum quæ site sunt in pago Melciano de Villa Coilli.)

En novembre 1227, l'existence de ce moulin est encore confirmée par une charte de Hugues de Châtillon, seigneur de Crécy, qui venait de fonder une abbaye au hameau du Rus, aujourd'hui Pont-aux-Dames, par laquelle il cède à ladite abbaye le droit de rivière ou droit de pêche (piscaria) jusqu'au moulin de Liary (*Cart. du Pont-aux-Dames*, par Berthault, p. 7).

Plus tard il fit partie d'un fief dit : du moulin de Liary, qui comprenait des héritages sur Montry et Couilly.

Il en est d'ailleurs fait mention au XIIe siècle dans le rôle des vassaux de Henri Ier, comte de Champagne et de Brie (dressé en 1172), où un Simon de Condé est cité parmi les possesseurs de fiefs de la châtellenie de Meaux, avec cette mention : « Liges et trois mois de garde ; li fiez est es moulin de Lorey (Liary) ». Ce moulin a autrefois dépendu de la paroisse de Condé (*Arch. dép.*, M, p. 131).

En 1789, il appartenait à M. Angran d'Allevay, seigneur de Condé et de Montry ; en 1830, à M. Greban, puis à sa veuve et ensuite à M. Bernard qui le transforma en scierie vers 1862 plus tard sa veuve lui succéda.

3. — Moulin de Quintejoie

(Commune de Couilly).

Établi sur la rive droite du Morin, au-dessous du pont de Couilly, ce moulin appartenait en partie, dès février 1209, aux Templiers de la Commanderie de Chevru (canton de la Ferté-Gaucher). En cette année 1209 (1210), ils acquirent l'autre partie de Pierre de Cornillon, de Meaux, en échange de certaines redevances qu'ils tenaient de la libéralité de Manassès, seigneur de Coulommes (1156 à 1179).

Un peu plus tard vers 1216, à l'occasion de l'érection (sous le vocable de Sainte-Marie et de Saint-Jean-Baptiste) d'une chapelle à Mont-Denis (commune de Sancy), par les seigneurs de Quincy, le même Pierre de Cornillon fit don pour l'entretien de ladite chapelle de 40 livr. provinoises; cet exemple fut suivi plus tard par deux de ses parents, Raoul et Jean de Cornillon, et par d'autres personnes pieuses qui ajoutèrent des rentes en vin à prélever sur la dîme de Crécy, et des redevances en blé à « percevoir sur le moulin de Quintejoie ».

Enfin Pierre, évêque de Meaux, par une charte donnée en 1234, avant Pâques, confirme « l'abandonnement », fait par le couvent de Noëfort au chapelain qui célébrera la messe à Mont-Denis, d'un muid de blé, qu'il avait droit de prendre au moulin de Quintejoie de lez-Quincy. Un setier provenait de la donation qu'avait faite Jean de Cornillon[1] aux religieuses du Pont-aux-Dames, pour célébrer un anniversaire, et à prendre annuellement sur sa part dans les revenus des moulins de Quintejoie (Cart. de l'abbaye du Pont-aux-Dames, f° 2, v°, Bibl. nat.).

Cette donation est confirmée par une charte datée du dimanche avant la fête des Apôtres Simon et Jude de l'année 1333, par laquelle le curé de Quincy atteste cette donation.

Vers 1568, le moulin de Quintejoie appartenait aux moines de Saint-Rigomer de Meaux; ces derniers le conservèrent jusqu'en 1692, et le cédèrent à bail emphytéotique, passé le 7 juin 1692 devant François Revault, notaire tabellion royal, résidant à Quincy, pour une durée de soixante-dix-neuf ans moyennant le prix et somme de 126 liv. t. de redevance annuelle (*Arch. nat.*, 9°, 1421-24), au profit de Thierry Sévin, chevalier et alors seigneur de Quincy. En 1781,

1. Décédé le 31 décembre 1333, seigneur de Quincy-en-Brie.

l'abbaye de Châage à Meaux en était propriétaire et le louait au meunier Boivin, moyennant 450 liv. t. par an, plus une redevance annuelle de 12 canards.

Confisqué à la Révolution, il fut acquis, le 19 janvier 1791, par le même Boivin pour la somme de 18 100 liv. t. En 1830, il était la propriété de M. Beaudoin, qui le conserva jusque

MOULIN DE QUINT JOIE A COUILLY.

vers 1870; il passa ensuite entre les mains de M. William, et est exploité par M. Garnier, meunier.

Il continue toujours à moudre du blé, seulement les meules de pierre ont été remplacées par sept paires de cylindres en acier pouvant moudre de 15 à 20 000 hectolitres de blé par an.

En ce point la force motrice du cours d'eau est partagée par moitié entre le propriétaire du moulin et l'État, qui l'utilise pour alimenter le canal de Meaux à Chalifert, au moyen d'une rigole ou branche alimentaire dont l'origine est à l'aval du pont de Couilly.

4. — Moulin-Neuf (à Saint-Germain).

Ce moulin n'existe plus depuis longtemps, mais son existence est rappelée dans une charte du 7 septembre 1226, de

Eudes, abbé de Saint-Germain-des-Prés, portant cession par échange à Hugues de Châtillon, et pour l'accroissement de la nouvelle abbaye :

« 28 deniers de chef cens sur un jardin et des chenevières « situés près du pont de Couilly, à la condition qu'il ne sera « élevé dans ces jardin et chenevières, ni par Hugues, ni « par les religieuses, aucune construction capable de nuire « *aux moulins* appartenant aux moines de Saint-Germain-des-« Prés. » (*L'Abb. du P.-D.*, par Berthault, Cart., p. 5-60, V.)

En 1568, l'existence de ce moulin nous est encore confirmée par M. Berthault dans sa lettre historique sur Couilly (p. 57 et 58), qui dit textuellement : « Entre le moulin de « Quintejoie et le moulin à drap, qui est assis sur le bord « opposé de la rivière, il y a comme ci-dessus une écluse en « maçonnerie, formant barrage à travers le lit de la rivière; « et de chacun desdits moulins dépend une île ». Il figure d'ailleurs sur une carte du Diocèse de Meaux, dédiée à Monseigneur Bossuet, par Hubert Jaillot, géographe ordinaire du Roy. Transformé plus tard en moulin à blé, les religieux en passent bail le 16 décembre 1756, pour neuf années à courir du 1er janvier 1759, à Mathias Dusellier, meunier du Moulin-Neuf, moyennant 300 liv. t. par an (*Arch. nat.*, S. 2926 et 2962). Il appartenait encore, à la Révolution, à l'abbaye de Saint-Germain-des-Prés. Confisqué, il fut vendu comme bien national avec 5 arpents 75 perches de terres et jardins, le 14 octobre 1791, à Antoine Guérard Bouland, bourgeois de Meaux, moyennant 26 800 liv. t. A cette époque, il était loué pour neuf ans, moyennant 650 liv. t. et 6 canards de redevance par an, à Boyard, suivant bail passé le 24 mars 1786 devant un notaire de Paris.

En 1840, il appartenait à M. Lebobe; il a disparu depuis.

5. — Moulin de Saint-Germain, dit du Pré ou Vieux-Moulin.

Établi sur la rive gauche de la rivière en amont du pont

de Couilly, il remonte au delà du XIIIe siècle; il est d'ailleurs cité dans une charte de l'an 1209 ainsi conçue : « Rigaud de Couilly et Odéline, sa femme, vendent à l'abbaye de Saint-Germain-des-Prés tous les droits qu'ils ont sur le moulin situé à Couilly » (*Arch. nation.*, Cart. L. — 764, et *Lettre historique sur Couilly*, p. 5 et 6, par Berthault).

Il faut se rappeler qu'à cette époque la paroisse de Saint-Germain-lez-Couilly n'existait pas et que son territoire faisait partie de la paroisse de Couilly; Saint-Germain n'était alors qu'une simple villa.

Une autre charte de septembre 1226 mentionne entre Eudes, abbé de Saint-Germain-des-Prés, et Hugues de Châtillon, un échange de divers biens situés près du pont de Couilly, à condition que ni ce dernier, ni les religieuses du Pont n'élèveront aucune construction capable de nuire *aux moulins* appartenant aux moines de Saint-Germain-des-Prés (*L'Abb. du P.-D.*, p. Berthault, p. 5 du Cart. 60, V).

Il s'agit évidemment, dans cette charte, des moulins du Pré ou Vieux-Moulin et de celui situé au-dessous, ou Moulin-Neuf.

En 1229, une partie dudit moulin appartenait à Robert de Sablonnières, prévôt de Crécy, et à Luce, sa femme, qui par une donation du mois de janvier de ladite année abandonnent à l'abbaye du Pont-aux-Dames tout ce qu'ils possèdent dans le Moulin-du-Pré, avec la dîme de leurs terres (Cart. du P.-D. *Archiv. nat.*, Cart. L, ou *Abb. du P.-D.*, p. Berthault, p. 10 du Cart.).

Quelques années plus tard, en 1266, Marie, veuve d'Adam de Crécy, écuyer, tant en son nom qu'en celui de ses enfants mineurs, cède à titre d'échange, aux religieux de Saint-Germain-des-Prés, les droits qu'elle avait sur le quart du moulin des Prés : « quartum partem quodam molendino sito « in villa Sancti Germani de Colliaco subtus domum Came- « rarie ejusdem loci, quod molendinum vocatur de Molen- « dinum de Prato » (*Arch. nat.*, Cart. L, 764, et *Lettre historique sur Couilly*, par Berthault, p. 7).

Suivant une charte datée de la veille de Pâques 1351 (1352), donnée par Jean, abbé de Saint-Germain-des-Prés, le chapitre de Meaux percevait sur le moulin du Pré une rente d'un muid de grain, à raison de l'office de chambrier tenu par un de ses religieux. Dans la suite, la perception de ce muid de blé donna lieu à une contestation qui fut tranchée par un arrêt du Parlement de Paris du 13 mars 1450.

Dans cet arrêt, on relate des titres de l'année 1286 se rapportant audit moulin (Inv. des titres du chapitre de Meaux). Cette redevance continua à être payée jusqu'à la Révolution par les religieux de Saint-Germain-des-Prés.

Le 26 juillet 1756, lesdits religieux en passent bail pour neuf années à courir du 1er avril 1759, à Pierre Flandre, meunier à Saint-Germain-lez-Couilly, et à sa femme, Marie-Jeanne-Marguerite Doré, moyennant 300 liv. t. par an (*Arch. nat.*, S. 2968).

Précédemment, les meuniers étaient : Paul Hubert (baux des 20 mars 1729 et 23 mai 1738), Pierre-Louis Aubé (bail du 24 avril 1750).

Saisi et confisqué en 1791, il fut vendu au profit de la Nation le 30 mai 1792, pour la somme de 20100 liv. t., avec les bâtiments, cinq quartiers de terre contigus au moulin et quatre arpents de prés situés paroisse de Saint-Germain-lez-Couilly, au sieur Denis Le Roy, meunier, qui en était locataire, suivant bail Lefèvre, notaire à Paris, du 11 janvier 1791, pour neuf années à partir du 1er avril 1786, moyennant 690 liv. t. (*Arch. dép.*, 3, Z, 1).

Depuis il passa en d'autres mains, mais continua jusqu'en 1846 à moudre le blé. A cette époque, il fut acquis par l'État pour les besoins du canal de Chalifert.

6. — Moulin de Talemer

(Commune de Couilly).

Moulin très ancien, bâti sur la rive droite du Grand-Morin, sur la même retenue que celui de Saint-Germain; il est cité dans la charte de fondation de l'abbaye du Pont-aux-Dames (avril 1226), de Hugues de Châtillon, par laquelle ce seigneur donne aux religieuses de ladite abbaye, entre autres biens, « le « droit de rivière à partir du moulin de Talemer jusqu'au « moulin de Quintejoie... » (Cart. du P.-D., f° 10 V°, Cart. L. Arch. Nat., et *Abbaye du P.-D.*, par Berthault, Cart., p. 3). C'était à cette époque un moulin à blé appartenant au seigneur de Crécy. Son nom de Talemer, « molindinum de Talemer », n'est autre que le mot *Talmerarius*, dont on a retranché la terminaison. Dans la langue romane, ce mot de Talemelier voulait dire boulanger. Le moulin de Talemer était donc le moulin du boulanger.

C'est ce que fait d'ailleurs connaître le texte même de la charte de fondation de l'abbaye du Pont-aux-Dames.

Ce n'était pas un fait spécial au moulin en question que d'y cuire le pain. On sait, en effet, qu'aux temps anciens le même individu exerçait simultanément l'état de meunier et celui de talemelier. Celui-ci travaillait tantôt pour son propre compte, tantôt pour les personnes qui lui apportaient leur grain à moudre et à convertir en pain. Ce mot, tombé en désuétude vers la fin du XIIIe siècle, fut remplacé par celui de boulanger, lequel serait venu, paraît-il, du mot boule, à raison de l'usage, à cette époque, de faire tous les pains en forme de boules. Les talemeliers auraient d'abord été appelés : boulens, puis boulangers (Voir le Glossaire de Ducange, verbis *Talemerarius* et *Bolengarius*)[1].

Une charte de 1228 (jour de la Saint-Luc) nous apprend qu'il fut, à cette époque, transformé en moulin à huile. Dans cette charte, il est désigné sous le nom de Treulim ou Trœlim ; une autre charte d'avril 1231 dit Troolin, qui n'est autre que la transformation en notre langue rustique du mot : Troïllium, qui signifie : pressoir à huile (*Lettre historique sur Couilly*, par Berthault, p. 55).

1. Au XIVe siècle, on écrivait aussi tallemellier, ou Taillemeilier; c'est la plus ancienne dénomination qu'on ait employée en France pour désigner les boulangers (*Livre des métiers de Paris* d'Étienne Boileau, titre 1, p. 4).

En 1522, il était encore moulin à huile, ainsi que nous l'apprend une déclaration faite à cette époque du temporel de l'abbaye du Pont. « Item, pour un mollin à huile, assis sur la « rivière de Morain nommé le Mollin de Talmer, appartenant « à l'église du Pont, de notre fondation, baillé à ferme à « Jehan Decaulx parmy 20 liv. t. tournois de rente » (*Abb. du P.-D.*, par Berthault, p. 198).

En 1680, il était loué à Claude Constant, et à sa femme Claude Habit, qui comparaissent avec des cohéritiers dans un acte du 22 juillet 1680, dans un procès contre d'autres personnes, entre autres : Jean Foin, cordonnier, et sa femme Jeanne Leclerc, demeurant à Paris faubourg Saint-Antoine; Lambert Leclerc, *maistre émailleur, patinostrier en émaille*, demeurant à Paris, et Houdré Baudouin, *maistre crispinier en or, argent et soyes*, et Denise Leclerc, sa femme (*Arch. D.*, E. 1725).

Par bail du 20 mars 1740, le moulin de Talemer était loué moyennant, par an, 260 liv. t. et deux chapons. En 1775 (15 juillet), ce loyer avait considérablement augmenté, il était monté à 528 livr. t. et deux chapons. Enfin suivant le bail du 16 août 1785, ce loyer était de 672 liv. t., six chapons gras et dix paires de poulets; mais dans cette dernière somme de 672 liv. t., le pressoir banal s'y trouvait compris pour 72 liv. t. (nº 1. E 6. — *Arch. départ.*). Les dépendances dudit moulin étaient assez importantes, elles comprenaient : une île proche du moulin contenant environ un demi-arpent; un quartier de pré en deux pièces formant les deux extrémités d'une autre île, dont le surplus appartenait aux religieux de Saint-Germain-des-Prés, située vis-à-vis ledit moulin entre la rivière et le brassel du moulin desdits religieux, 3 arpents 88 perches de pré en trois pièces et 125 perches de terre.

Confisqué à la Révolution, en même temps que tous les biens de l'abbaye du P.-D., il fut vendu le 22 janvier 1791, à M. Dubuc, chamoiseur, moyennant la somme de 26 900 liv. t. et le remboursement de la prisée, soit au meunier, si celui-ci

« l'a payée » lors de son entrée au moulin, soit au trésor. L'adjudicataire était en outre tenu aux conditions suivantes : « Ouvrir et boucher le perthuis pour le passage des bateaux, « flottes, et autres trains, tant montants que descendants, « d'entretenir les écluses dudit moulin, la porte ou passent « les bateaux, vannes, pieux, chaperons ou billes, règles et « tout ce qui en dépend par *moitié*, dont ledit moulin est « tenu ». Le meunier était Lebobe, dont le fils, né à Couilly, est devenu Président du Tribunal de Commerce de Paris et député de l'arrondissement de Meaux, sous le gouvernement de Juillet. Ce moulin étant conjugué avec celui situé en face sur la rive opposée, les réparations et obligations que nous venons d'énumérer étaient et sont encore supportées par moitié par les deux usines.

Vers 1830, il devint la propriété de M. Chatelain, qui le conserva, croyons-nous, jusqu'au moment où l'État acheta (1845) la chute pour les besoins du canal de Chalifert. Il a disparu comme son voisin d'en face.

7. — Moulin du Pont-aux-Dames
(Commune de Couilly).

Il est cité dans une charte de 1220 de Guillaume, évêque de Meaux; le meunier se nommait Bernard (Bernardus molendinarius).

Appelé anciennement Ernould ou Arnould (Molendinum Arnulphi), il était, avant la Révolution, l'un des cinq moulins banaux du domaine de Crécy.

Avant 1289, il dépendait de ce domaine et appartenait à cette époque à la famille de Châtillon, et c'est l'un d'eux, Gaucher V^{e} du nom, qui le céda avec la châtellenie et seigneurie de Crécy et d'autres terres à Philippe le Bel, roi de France. A partir de cette date (1289), il suivit les mutations successives du domaine royal jusqu'en 1762, où Crécy cessa d'appartenir à la couronne. A cette époque Louis XV l'échangea irrévocablement au profit du comte d'Eu, en retour de la principauté des Dombes; celui-ci le légua à son filleul, le duc de Penthièvre, qui fut le dernier seigneur de Crécy. Le moulin Arnould était grevé de redevances assez importantes consenties par ses divers possesseurs et dont la perception ne cessa qu'à la Révolution, savoir :

	Muids.	Sept.
Au commandeur du Temple de Montaigu : 4 muits de blé mouture, etc.	4	
Au curé et église paroissiale de Couilly : 12 boisseaux ou.	»	1
Au seigneur de Voulangis, ayant droit de feu Pierre de Longis : 14 septiers de grains	»	14
Aux religieuses, prieuré et couvent de Fontaine-lez-Meaux : 2 septiers de grains.	»	2
Aux religieuses, abbaye et couvent du Pont-aux-Dames : 8 muits 6 septiers.	8	6

(Comptes du domaine du roi en 1574.) E. 1649. Archives départementales.

La première était due au Commandeur du Temple par la Commanderie de Choisy, qui la tenait des libéralités des rois de France; celles dues à l'église de Couilly, au seigneur de Voulangis et au couvent de Fontaine provenaient de dons faits par Jeanne, femme de Philippe le Bel.

Enfin celle de l'abbaye du Pont-aux-Dames provenait de libéralités faites par la famille de Châtillon.

Il y avait encore une redevance de 3 septiers perçue par le prieur de Coutevroult, mais elle ne figure pas dans les comptes de 1574, on la trouve dans ceux de 1733 et les années suivantes (E. 1645-1649. *Arch. dép.*).

Nous ignorons le nom du donateur.

Certaines de ces redevances sont indiquées dans les chartes ou actes suivants :

1° Charte de 1233 passée devant Hugues de Châtillon et Marie, son épouse : « Gui du Port donne à sa fille Élisabeth « tout ce qu'il tenait du sire de Crécy et tout ce qu'il possé-

« dait dans la propriété du Moulin d'Arnould situé dans « une île du Morin et dans 12 deniers de cens, assis sur une « friche, proche ledit moulin; au même instant, Élisabeth, « du consentement du sire de Crécy, donne le tout en perpé- « tuelle aumône à l'abbaye du Pont-aux-Dames » (Cart. de l'abbaye du P.-D., L, f° 34 r°. — *Abb. du P.-D.*, par Berthault, p. 15 du Cart.).

2° Une autre charte de janvier 1233, reçue par Étienne, évêque de Meaux, porte que Eudes Lebœuf des Iles reconnaît avoir vendu à l'abbaye, pour 60 liv. tourn. provinoises et un muid de blé, tout ce qu'il avait dans la propriété du « moulin d'Arnould », situé à Rus (alias Pont-aux-Dames), dans 12 deniers de cens assis proche ledit moulin. Agnès, épouse d'Eudes, approuve et confirme cette vente (Cart. du Pont-aux-Dames, L. 34 v°, p. 16, de Berthault).

Enfin dans une troisième charte de la même époque passée devant Me Adam, Chanoine et Official de Meaux, Hugues d'Oysi reconnaît avoir vendu à l'abbaye du Pont-aux-Dames, moyennant 28 liv. tour. provinoises, 1 muid et pleine mine de blé, qu'il percevait annuellement sur le moulin d'Arnould; Girard de Couilly reconnaît également avoir vendu à l'abbaye : 4 septiers et pleine mine de blé à percevoir annuellement sur ledit moulin. Aalyde, épouse de Hugues, et Emengarde, épouse de Girard, approuvent lesdites ventes (Cart. du P.-D., L. 35 r°. *Abb. du P.-D.*, par Berthault, p. 16 du Cart.).

On voit par ces chartes que le moulin d'Arnould était chargé de redevances importantes et qu'il devait arriver un moment où son revenu ne pouvait y faire face.

Ainsi en 1574, ces redevances s'élevaient à 178 septiers de grains, dont 2/3 en blé et un tiers en orge, et il n'était affermé que pour 8 muids 3 septiers.

En 1733, ces redevances étaient encore augmentées de 3 septiers de grains en faveur du prieur de Coutevroult, mais, d'après les usages, quand le revenu de l'un des 5 moulins banaux du domaine ne suffisait pas, on assignait le paiement des redevances sur les autres.

Le 6 janvier 1770, il était affermé, par bail passé devant Lemaître, à la veuve Boivin, qui en avait fait le transport au sieur Desprez, moyennant des redevances en grains énoncées audit bail et en un acte du même jour par-devant le même notaire, ledit moulin avec ses dépendances, y compris les droits de banalité, questes et chasse y attribuées et qu'il devait conserver aux conditions suivantes : Habiter et meubler ledit moulin, faire les menues réparations, souffrir les grosses.

En outre, « les preneurs étaient tenus de moudre gratui- « tement audit moulin, pour l'abbaye du P.-D., tout le blé « qu'elle a droit d'y faire moudre pour sa consommation ; de « souffrir la levée de la porte à bateaux toutes les fois qu'ils « en seront requis sans prétendre à une indemnité ni dimi- « nution, soit pour réparation audit moulin, écluses, porte à « bateaux pour l'avalage des bateaux et passage de bois en « flottes et ce, pour autant de temps qu'il en sera besoin, « quelques chômages qui puissent en résulter et dans le cas « de grosses réparations nécessaires à leurs frais ».

La prisée s'élevait à 762 liv. t.

Le loyer était : pour les terres et prés (11 arpents 34 perches) de 7 muids 6 septiers de grains de redevance annuelle par an et encore 3 chapons, 3 canards vifs et recevables plus 200 liv. tour. par an.

Le 2 juillet 1773, suivant bail Lemaître, notaire à Crécy, le moulin avec 11 arpents 34 perches de pré à 2 herbes, dit pré du Roi, était loué moyennant 1 518 liv. t. 75 s. par an (N° 66 L. *Arch. dép.*).

Le 5 février 1782, suivant bail devant Belurgey, notaire à Crécy, le duc de Penthièvre le loue pour 9 ans à partir du 1er juillet 1782 à Augustin Bonneau, meunier dudit moulin, et à sa femme Marie-Jeanne Cuvilliers, avant veuve de Nicolas Desprez, moyennant les charges énoncées au bail du 6 janvier 1770.

Ils avaient en outre le droit de pêche dans la rivière, depuis le moulin Guillaume jusqu'au moulin Lucet (Martigny) moyennant 9 liv. t. par an (E. 198. *Arch. dép.*).

Confisqué à la Révolution sur la veuve de Louis-Philippe-Joseph d'Orléans, dit Philippe-Égalité (Madame Louise-Adélaïde de Bourbon-Penthièvre), il fut vendu le 24 nivôse an VII à Jean-Louis Letacq, marchand de vins à Paris, moyennant 70 200 francs, en assignats certainement!

L'adjudicataire était chargé des grosses et menues réparations, même de la construction des écluses et porte à bateaux, et de se conformer dans ces travaux et construction à tout ce qu'exigera le service de la navigation, et des autres moulins : de conserver la hauteur des vannes et chutes actuellement existantes, lesquelles ne pourront être changées qu'avec la permission de l'administration centrale et suivant les repères et dimensions qui seront établis par ses agents ou commissaires et arrêtés par elle. (N° 66 L. *Arch. dép.*).

Il devint ensuite la propriété des sieurs Pierre Gouget et son fils, Jean-Nicolas Châtelin, et Marie-Michelle-Adélaïde Gouget, à madame Blottière née Châtelin, enfin à madame veuve Labrunie, née Châtelin, qui le vendit le 28 avril 1852 aux époux Troublé. Aujourd'hui, il appartient encore aux descendants de la famille Troublé et est exploité par le meunier Hérouin. Il est muni de 3 paires de meules et peut moudre 12 000 hectolitres de blé par an.

8. — Moulin de Misère

(Commune de Saint-Germain-lès-Couilly).

Il est bâti sur la rive gauche du Morin, en face de celui de Pont-aux-Dames, près de l'endroit où le ru de Misère se jette dans la rivière. Transformé en chamoiserie, puis en fabrique d'outils de menuisiers, il est exploité par M. Foy (*Alm. du diocèse de Meaux* de 1897, p. 110).

Les propriétaires étaient : en 1833, Labrunie ; 1834, Durand fils, de Paris.

Il a été transformé en scierie dans ces derniers temps.

9. — Moulin du Saule
(Commune de Couilly).

Situé sur la rive droite du Grand-Morin, le moulin du Saule, que par corruption on a appelé moulin de la Saulx, et aujourd'hui Lassault, a pris vraisemblablement son nom des saules qui existaient en grand nombre dans les prés voisins dudit moulin. Dans la langue romaine, le saule est nommé « Salix » ; d'un autre côté dans le langage vulgaire, cet arbre est désigné sous le nom de Saulx; son véritable nom serait donc le moulin « du Saule, *molendinum de Salice* », ainsi qu'il est d'ailleurs dénommé dans une charte du Cartulaire de l'abbaye du P.-D. de février 1237 (L. 100 R°), par laquelle Hugues de Châtillon et Marie sa femme, pour indemniser les religieuses, qu'ils ont fondées à Couilly, des revenus que celles-ci avaient sur leurs moulins, leur accordent 8 muids 1/2 de blé à percevoir sur le moulin du « Saule » et, en cas d'insuffisance, sur les autres moulins du même lieu. De plus ils confèrent auxdites religieuses, le droit de faire moudre gratuitement auxdits moulins, tout le blé nécessaire à l'abbaye. C'était une libéralité assez importante, si l'on considère le grand nombre de personnes réunies à l'abbaye.

A cette époque (1237) il venait d'être acquis pour les 3/4 avec un cens de 4 deniers, qu'un nommé Jean Lecuyer devait par an sur le 4e quart, par les généreux donateurs, Hugues de Châtillon et sa femme. L'arrentement par ces derniers pour ladite acquisition était consenti, moyennant 4 muids de grains qu'ils devaient fournir chaque année aux Templiers (*Arch. nat.* S. 5008. Supplément, nos 60-61).

Au commencement du XIIIe siècle, on désignait ce moulin et celui d'Orval (aujourd'hui Revault) sous le nom de Moulins de Montaigu, village voisin où les Templiers, auxquels ils appartenaient, avaient une maison de leur ordre.

Quand le moulin du Saule passa avec Crécy dans le domaine royal, le paiement de la redevance de 8 muids 1/2 de blé aux religieuses du Pont donna lieu à contestation entre celles-ci et les officiers royaux; l'affaire fut portée devant la reine Isabelle (Isabeau de Bavière, femme de Charles VI), qui trancha le différend, le 27 mars 1400, par une missive adressée à ses officiers, qui se termine par cette phrase : « Vous mandons et enjoignons expressément que en ceste « matière les payez (les religieuses) d'ores en avant chacun « an, de ladicte rente aux temps et de manière accoustumez, « sans aucune difficulté ou contredit... » (Cart. du P.-D., 18 V°). C'était net, et les officiers royaux n'avaient plus qu'à s'exécuter. Cependant, ces difficultés se renouvelèrent encore au commencement du xvie siècle, ainsi qu'il résulte d'une sentence royale d'octobre 1506, qui confirma le paiement de la redevance au profit des religieuses.

Pendant la guerre des Anglais, ce moulin fut ruiné et resta longtemps sans être rétabli. Naturellement, on n'y percevait aucune redevance, mais quand l'Anglais fut chassé du pays, ce moulin ou plutôt son emplacement fut donné à rente d'argent pour y reconstruire un moulin à drap, moyennant 10 livres t. par an, à un nommé Laurent, mais il faut croire que les affaires ne marchaient pas, car les héritiers de sa veuve ne payaient pas cette redevance en 1574 (Comptes du roi. E. 1649. *Arch. dép.*).

Il fut ensuite transformé en moulin à tan, puis redevint par la suite moulin à blé.

Vers 1611, Georges Boucher « mollinier », demeurant au moulin de la Saulx (paroisse de Couilly), figure comme censitaire au terrier de la seigneurie de Ségy (commune de Quincy) (G. 62, t. II, p. 17. *Arch. dép.*).

En 1892, c'était un moulin à blé appartenant à M. Bizier, qui l'exploitait. Il était muni de trois appareils à cylindres en acier et pouvait moudre annuellement 16 000 quintaux de blé.

Actuellement il ne fonctionne plus, le matériel ayant été enlevé.

10. — Moulin Drevault ou Arnould

(Commune de Villiers-sur-Morin).

Ce moulin s'appelait précédemment d'Orval, Ourvaux, Revault. Il est établi, sur la rive gauche du Grand-Morin, en face de celui du Saule; il était moulin à blé en 1202, et appartenait aux Templiers de Montaigu. Il portait à cette époque, avec le moulin du Saule, le nom de moulins de Montaigu (*de Monte acuto* ou *Mons acutus*).

En 1237, frère Ponce d'Albon, commandeur du Temple, cède ces moulins à rente à Hugues de Châtillon, comte de Saint-Pol, moyennant les charges suivantes : « Celui d'Orval « et les 3/4 du moulin du Saule, avec les 4 deniers de cens « dus par Jean Lecuyer, pour le dernier quart de ce dernier « moulin, moyennant 4 muids de grains par an » (*Arch. nat.*, S. 5 008, Suppl., n°s 60-61).

De moulin à blé, il devint, après la guerre de Cent-Ans, moulin à draps, puis moulin à huile au XVIIe siècle.

Il figure dans un compte des domaines de la reine Jehanne de France et de Navarre, des années 1363-1364, présenté par Jean Doufour, receveur de cette reine (Reg. K. K. 4. *Arch. nat.*)[1].

Il passa avec le domaine de Crécy (1289) entre les mains du roi et suivit ensuite toutes les mutations du domaine.

En 1574, il figure dans les comptes rendus au roi, avec le moulin de la « Saux », sous le nom d'Orvaux. Les recettes sont « néant » parce que, est-il dit dans ce compte, « lesdits moulins ont été longtemps en ruines, et depuis baillés à

1. DIRECTION GÉNÉRALE DES ARCHIVES DE L'EMPIRE
E. 1649, *Archives départementales* (années 1363 et 1364).

Section historique.

D'un registre de comptes coté KK.4 a été extrait ce qui suit :

C'est le compte Jehan dou Four receveur madame la royne Jehanne, royne de France et de Navarre en son bailliage de Crécy de la value, proffis et emolumens des demaines et revenues d'icelle dame de la terre de son douaire en Champaigne et en Brye des chastellenes qui sont oudit bailliage c'est assavoir de Creci en Brie, de Coulomiers, de Chastiautherry, de Chasteillon

rente pour y faire appliquer moulin à drap pour 10 livres t. par an » (E. 1649. *Arch. dép.*).

Actuellement c'est une chamoiserie, appartenant à M. Alexandre, qui l'exploite.

11. — Moulin Gille ou de Martigny ou de Braille (Commune de Couilly).

Moulin situé sur la rive droite du Morin; il existait avant 1574; tombé en ruines, ses propriétaires négligèrent de le rétablir pendant une centaine d'années, puis on le reconstruisit sans autorisation et il fallut le supprimer.

Un nommé Gille (d'où son nom) le rétablit vers 1780 avec le consentement du duc de Penthièvre, seigneur de Crécy, à qui il était dû de ce chef un droit d'hotise de 5 sols, payable le jour Saint-Denis.

seur Marne et de Nuilly saint front pour un an commencié à la Magdalene l'an mil trois cent soixante trois et fenissant à la Magdalene l'an mil trois cent soixante quatre...

Et s'ensuit le compte de son proppe heritage de Braye-Conte-Robert et de ses conqués de Gournay seur Marne.

Recepte.

Premierement la creste du compte precedent...

Crécy en Braie et les villes appartenans.

Des cens de Crécy le jour de la Saint-Remy prisiez en l'assiette Madame...

Des deux moulins à yaue de Creci l'en compte ci-après ou chapitre des grains...

De la value du molin de la Chappelle et des deux molins de Villers l'en en compte ci-après ou chapitre des grains...

Autre recepte du temps de Jean dou Four dont mention est faite ou compte précédent.

De Maciot Godin et Ancelet Piot, fermiers jadiz des molins de Creci, de la Chappelle et de Villers qui devoient à ma dite dame à cause de leur dite ferme quatre muids huit setiers de blef moulture, les deux pars grosse et la tierce bonne pour la moitié du terme de la Magdalene trois cent soixante et un, dont Madame leur avoit donné respit de paier jusques à la fin de leurs années qui se feni à la Toussaint trois cent soixante-deux, si comme il appert par le compte précédent et depuis Madame leur a quitté VIII setiers de ladite moulture...

Recepte de grain de ceste présente année en la terre de Creci,

De la value des molins de Creci, de la Chappelle et de Villers prisiez en l'assiette Madame soixante quatre muis de blef et pour ce onze-vingt livres tournois que Milet de Mangnis, tient à ferme à trois ans commenciez à la Toussaint trois cent soixante-deux...

De la value des molins Ernoul, Ourvaux et la Saux prisiez en l'assiette Madame...

On l'appela ensuite le moulin Lucet; il fut de nouveau *démoli* avant 1792; puis reconstruit il continua à moudre le grain. Mais en ces derniers temps il a cessé de fonctionner. Il appartient à M. Visseau.

12. — Moulin Guillaume, appelé aussi moulin à Fer (Commune de Villiers-sur-Morin).

Construit sur la rive gauche de la rivière, en face le moulin Gille ou de Martigny, c'était au xvie siècle un moulin à draps; il devint ensuite moulin à huile en 1650, puis à blé; il était devenu moulin à tan et à huile en 1697. Il était à cette date compris dans la censive des chanoines de Saint-Frambourg de Senlis.

Avant la Révolution, il était encore chargé de diverses redevances :

2 livres t. 10 sols de rente annuelle en faveur du seigneur du Vivier (de Coutevroult); 1 livr. t. 4 sols et 2 anguilles au seigneur de Montry (Mont-Eric); 2 liv. t. 2 sols à l'abbaye de Torcy, etc.

En 1770, il était devenu un moulin à fer ou forge.

Il existe d'ailleurs dans la commune de Villiers-sur-Morin, un lieu dit appelé « le Machefer » (section E du cadastre), situé non loin de là, d'où l'on tirait probablement le minerai qu'on traitait à ce moulin.

En 1793, M. Dubuc s'en rendit acquéreur et le transforma en moulin à blé; puis après ses propriétaires furent, en 1838 M. Fournier, en 1840 M. Paul Barrège, de Crécy, en 1851 M. Guillard, qui le possédait encore en 1866. Il cessa de fonctionner en 1888 et devint la propriété de M. le marquis d'Osmont, qui actuellement utilise la chute pour la production de l'électricité destinée à l'éclairage de sa maison de plaisance située près de là.

13. — Moulin Nicolle ou de la Maltournée
(Commune de la Chapelle-sur-Crécy).

Situé sur la rive droite de la rivière, en face de celui de Villiers, le moulin actuel est de construction récente; c'est un sieur Nicolle qui le fit bâtir vers 1802 (*Arch. dép.*, 66. L. 1); c'est d'ailleurs ce qui résulte d'un acte du 12 fructidor an IX passé devant Me Dododesmarets, notaire à Crécy, par lequel

MOULINS BALLÉ ET NICOLLE A VILLIERS-SUR-MORIN

Marguerite Abit, veuve de Louis Danne, Pierre Ballé, meunier, et Marie Danne, sa femme (de Villiers), donnent à bail pour 21 ans à Nicolas Nicolle, propriétaire, et à Marie-Thérèse Chauve, sa femme, demeurant à Crécy, une pièce de pré de 62 ares 02 centiares aux Pâtis de Montbarbin, commune de la Chapelle, sous la condition que les locataires y construiront un moulin à blé (étude Collier).

Si nous nous reportons à ce que nous avons dit à propos du moulin de Villiers, on peut croire que le moulin qui nous occupe a dû être reconstruit sur l'emplacement d'un autre moulin détruit depuis longtemps.

Comme beaucoup d'autres, cet ancien moulin a dû tomber en ruines pendant les troubles qui ensanglantèrent la Brie pendant l'invasion anglaise et au temps de la Ligue.

Il appartient aujourd'hui à M. Finot, qui l'exploite. Muni de 4 paires de cylindres, il peut moudre annuellement de 10 à 12 000 hectolitres de blé.

14. — Moulin de Villiers-sur-Morin ou moulin Ballé.

Ce moulin, bâti sur la rive gauche de la rivière, et sur la même retenue que le moulin Nicolle, situé sur la rive opposée, était jusqu'à la Révolution l'un des cinq moulins banaux du domaine de Crécy ; vers la fin du XIIe siècle, il appartenait à la famille de Châtillon, qui le conserva jusqu'en 1289. A cette époque, Gaucher de Châtillon, 5e du nom, céda le domaine de Crécy au Roy Philippe le Bel et à Jeanne, comtesse de Champagne et de Brie, son épouse. A partir de ce moment il fit partie du domaine royal jusqu'à ce que le roi de France le donnât à son filleul le comte d'Eu.

Au XIIIe siècle c'était un moulin à blé déjà chargé de diverses redevances dues aux pieuses libéralités de ses possesseurs.

C'est ainsi qu'en février 1259, Gaucher de Châtillon et Isabelle de Lizines, sa femme, font don à Guillaume de Chalifer, chevalier : « de 29 setiers et pleine mine de blé à « mettre au Pont notre Dame pour la réson de deux siennes « filles qu'il y fait nonains. Le quel blé est à amortir et siet « en les molins de Vilers » (Cart. du Pont-aux-Dames, 101 R°).

Il semble résulter de cette citation qu'il existait en 1259 deux moulins à Villiers-sur-Morin. Nous avons encore trouvé une autre trace de cette coexistence de ces deux moulins dans un compte des années 1363-1364, rendu à la reine Jehanne (royne de France) et dans lequel on lit cette phrase : « de la value du molin de la Chapelle et des *deux molins de Villers*... » (KK. 4, *Arch. nat.*, et E. 1649, *Arch. dép.* ; voir le moulin Drevault ou Arnould). Nous pensons que le 2e moulin ne peut être que le moulin Nicolle. On objectera que ce dernier ne remonte qu'à 1802, mais rien n'empêche de croire que celui-ci a été reconstruit sur l'emplacement d'un moulin détruit depuis longtemps et dont on a perdu le souvenir.

Dans tous les cas, on n'en cite plus qu'un en 1574, baillé à Bernaudin moyennant onze muids huit septiers de grain, les deux tiers en blé et l'autre tiers en orge (E. 1649. *Arch. dép.*). A cette époque, par suite de donations antérieures de la reine Jeanne, il était encore chargé des redevances suivantes :

	Muids.	Sept.
Aux chanoines et chapitre de l'église collégiale Saint-Georges de Crécy	»	5
Au curé et chanoine de l'église Notre-Dame-lez-Crécy.	»	3
Au curé de Villiers	»	8
Au prieur de Coutevroult	»	2
A l'abbaye du Pont-aux-Dames.	3	11
A la Maladrerie de Crécy.	»	2
Soit	5	7

Il en est de même en 1620, où dans un compte des dépenses rendu par Faront Chalinot, receveur du domaine de Crécy, il ne cite qu'un moulin à Villiers (E. 1649. *Arch. dép.*).

Cependant M. Lhuillier (note manuscrite) dit que ce moulin était à tan au XVIIe siècle; nous pensons plutôt qu'après la guerre des Anglais, les deux moulins de Villiers étant en ruines, on n'en rétablit qu'un à blé et l'autre à tan. Ce dernier pouvait être placé à l'endroit où a été établi, deux siècles plus tard, celui de Nicolle; il a sans doute disparu au cours du XVIIe siècle, puis il a été reconstruit à nouveau au commencement du XIXe.

L'acquittement des diverses redevances indiquées précé demment donna lieu, à plusieurs époques, à des contestation sérieuses entre les bénéficiaires et les engagistes du domain de Crécy.

La dernière, soulevée vers 1744 par le dernier de ceux-là M. Ménage de Mondésir, fut tranchée, le 4 septembre 1745 par une ordonnance du bureau des finances de la généralit de Paris, qui donna tort à M. Ménage, contre le curé de Villiers (E. 1649. *Arch. dép.*).

En 1774, le meunier était François Viger, marié à Marie-Jeanne Deschamps, veuve en premières noces de Pierre Debled et en secondes de Remy Courtault.

La prisée qui eut lieu le 1er mai 1774, devant Lemaître, notaire à Crécy, en présence : 1° de Martin Le Roy, meunier du moulin Guillaume, preneur du moulin de Villiers au 1er janvier 1775; 2° de François Viger, meunier sortant; 3° et de Pierre Debled, fils majeur de feu Pierre Debled, s'éleva à 1 296 liv. t. 5 s.; la précédente que régissait le bail en cours ne s'élevant qu'à 822 liv. t. 10 s., Le Roy redevait 473 liv. t. 15 s., sauf les réparations nécessaires à faire.

Martin Le Roy étant mort peu de temps après, son fils Paul-Louis Le Roy lui succéda, mais il ne resta pas longtemps à Villiers, car dès le mois d'avril 1777 il rétrocède son bail à Louis Danne et à sa femme Marguerite Abit; le 4 août 1783, ceux-ci renouvellent leur bail pour 9 années à dater du 1er janvier 1784 devant Belurgey, notaire à Crécy, moyennant 300 liv. t. d'argent, six chapons, six canards, quatre anguilles et deux brochets, plus encore neuf muids de grains, 2/3 en blé et 1/3 en orge mesure de Crécy, le tout payable à diverses époques de l'année, plus les conditions ordinaires, entre autres :

1° . . . .

2° . . . .

3° Entretenir les écluses tant petites que grandes;

4° Souffrir les grosses réparations dans les logis du moulin, bâtiments en dépendant, même à la porte des bateaux, souffrir les chômages nécessaires;

5° . . . .

Le preneur avait le droit de pêche à cent pas dudit moulin dans la rivière au-dessus des vannes et portes des bateaux et de même, au-dessous dudit moulin, à prendre des pointes du jardin, derrière le moulin (E. 198. *Arch. dép.*).

Nous avons vu que la prisée du bail Le Roy s'élevait à

1 296 liv. t. 5 sols. Ce n'était pas une bien grosse somme, mais les appareils servant à la mouture étaient bien moins importants que ceux des moulins de nos jours.

Ainsi les objets appartenant à Viger étaient les suivants :

	Liv. t.	Sols.
1 Boisseau et sa monture ferrée et 13 corbeilles d'osier, estimés	9	»
5 marteaux à rhabiller avec 1 ciseau à taille. .	8	»
2 cours de levée et l'orgueil.	1	10
Plus l'auget, le bail à bled, la trempoire garnie de son épée de fer et de son cordage	5	»
Plus le paillé, les deux brouets de 5 pieds de long, de 7 à 9 et de 6 à 10, ledit paillé garni de sa poulette et de son crapotin, le tout de 20 pieds de long, de 11 à 12 de gros.	20	»
Plus le quarré portant le mouillage, 2 sommiers traversières de chacun 17 pieds de long et de 9 à 9 compensé.	18	»
Plus 6 poteaux de chacun 5 pieds sur 11 à 11 aux 2/3 usés.	20	»

plus tous les objets mouvants et tournants, etc.

Comme tout le domaine de Crécy, il fut à la Révolution confisqué sur la veuve Philippe-Joseph d'Orléans, et vendu comme bien national le 14 brumaire an VII à Nicolas Lefranc, épicier, demeurant à Meaux, moyennant 11 900 fr. Ce dernier le revendit à M. Ballé suivant acte passé devant Lemaire, notaire à Crécy, le 3 Frimaire an VII (1, 3, 352. *Arch. dép.*); depuis cette époque il est resté la propriété de la famille Ballé, qui l'exploite encore aujourd'hui.

Vers 1848, M. Ballé eut des difficultés avec le service des Ponts et Chaussées, qui mit son moulin en chômage de juillet à août, et invita en même temps ce propriétaire à prouver l'existence légale de son moulin antérieurement au 1er avril 1556 (1 s., 352, *Arch. dép.*).

MOULIN DE VILLIERS

14 brumaire an VII de la République.

Aux termes d'un procès-verbal dressé le 14 brumaire an 7 de la République française, par MM. les membres de l'administration centrale du département de Seine-et-Marne et le commissaire du Directoire exécutif près cette administration,

M. Nicolas Lefranc, marchand épicier demeurant à Meaux, s'est rendu adjudicataire d'un moulin à eau établi, appelé de Villiers, consistant en bâtiments, cour, logis, pâture, jardin et accins en dépendant avec les tournans, virans, travaillans, etc., etc., concernant ledit moulin dont sont chargés le citoyen Louis Dane et Marguerite Abit sa femme, fermiers, pour la prisée et estimation qui en a été réglée par acte passé devant Me Lemaître, notaire à Crécy, témoins présents, les 1er, 2 et 3 mai 1764, enregistré à la somme de 1 296 fr. 25, dans laquelle somme celle de 822 fr. 50 de fonds de masse et souche appartenant à la République, et fait partie de la présente vente, etc., etc.

Ledit domaine provient de la veuve Philippe-Joseph d'Orléans, et est devenu national en vertu de la loi du 19 fructidor an V portant, article 34, que les décrets des 1er août et 17 septembre 1793 et 21 prairial an III qui ordonnent l'expulsion des Bourbons, y compris ladite veuve Philippe-Joseph d'Orléans et la confiscation de leurs biens seront exécutés.

Lequel domaine était exploité en 1790, avec les droits de banalité et de pêche (depuis supprimés), par le citoyen et la citoyenne Dane en vertu du bail qui leur en avait été passé devant Belurgey et son confrère, notaire à Paris, le 4 août 1789, pour neuf années commencées au 1er janvier 1784, moyennant un prix porté dans l'acte.

Cette vente a eu lieu à la charge par l'adjudicataire : 1° de conserver les hauteurs de vannes et chutes existantes alors, lesquelles ne peuvent être changées qu'avec la permission de l'administration centrale et suivant les repères et dimensions qui seront établis par ses agents ou commissaires et arrêtés par elle; 2° des réparations grosses et menues, des reconstructions des *écluses et portes à bateaux*, etc., etc.; 3° de souffrir que le propriétaire du moulin de Braille, situé au-dessous de celui-ci, exhausse son vannage de 0 m. 09, ou trois pouces cinq à six lignes. Cette vente a eu lieu sous le titre de 4e lot de l'enchère, moyennant la somme de 11 900 francs, qui ont été payés, ainsi qu'il résulte tant de la quittance donnée à Melun par M. Symond, en date du 5 ventôse an VII, que du décompte du prix de cette adjudication fait par M. Margerie, directeur de l'administration des domaines, en date à Melun du 25 mars 1814, délivré à M. Ballé comme étant aux droits du sieur Lefranc, aux termes d'un acte passé devant Me Lemaître, notaire à Crécy, en date du 3 frimaire an VII.

Rayé 4 mots comme nuls.

Le présent extrait collationné sur les titres de M. Ballé, meunier de Villiers et propriétaire actuel dudit moulin, par nous, maire de la commune de Villiers.

A Villiers-sur-Morin, le 23 janvier 1849.

Rayé un mot nul.

Le maire : GAUDIN.

(1. S. 352. *Arch. dép.* de S.-et-M.)

Il eût été facile de prouver cette existence même au XIIIe siècle, ainsi qu'on l'a vu au début de cette notice. Il avait été vraisemblablement établi par la famille des Châtillon.

Actuellement, il peut moudre annuellement 6000 hectol. de blé, au moyen de deux paires de cylindres et d'une paire de meules.

15. — Moulin des Minimes à Crécy.

Avant la Révolution, les religieux Minimes de Crécy avaient dans leur jardin un petit brasset détourné du Morin, avec réservoir à poissons.

Confisqué et vendu à la Révolution, il devint la propriété de M. Dubourget, qui y établit vers 1804 une fabrique de lacets; celle-ci disparut en 1825, pour faire place en 1830 à un moulin à blé, fort peu important d'ailleurs, appartenant à Mme Vve Morlière, qui le revendit vers 1835 à Mme Vve Heim; il passa en 1852 aux mains de M. Philippe, qui le supprima vers 1860. Le brasset seul a été conservé.

16. — Moulin de Crécy.

C'était jusqu'à la Révolution un des cinq moulins banaux du domaine de Crécy. Bâti sur la rive gauche du brasset qui forme l'île comprenant l'église et l'emplacement du Château royal, il était chargé, dès l'année 1219, d'une rente en grains, consentie par Hugues de Châtillon en faveur des chanoines du Chapitre de Crécy; en 1247, Gaucher de Châtillon augmente cette rente. En 1288, le sire de Crécy connétable de Champagne, du consentement de Isabelle de Dreux, sa femme, fonde une chapelle en son château de Crécy, et la dote, entre autres biens et revenus, de « 3 muids de bled à penre en « mes molins de Crécy, chacun an pour le prix de 10 livr. t. « 10 s... ».

Plus tard la reine Jeanne y ajouta le don d'un fief à Voulangis.

Il est encore question de ce moulin dans un compte, rendu à la reine de France et de Navarre, pour les années 1363 et 1364 par Jehan Dufour, son receveur, et dont nous avons déjà parlé, dans lequel il est dit que ladite reine fait remise « à Maciot Godin et Ancelot Piot (meuniers), fermierz jadis « des molins de Crécy et de la Chappelle et de Villers, de « 8 septiers de grains sur 4 muids 8 boisseaux qu'ils lui « devaient et dont ils n'avaient pu se libérer jusqu'à ce jour » (Reg. K K. 4. *Arch. nat.*).

L'abbaye du Pont-aux-Dames percevait aussi, en 1522, une redevance de 12 muids 6 septiers de blé mouture, sur les moulins de Crécy, qui lui avait été octroyée par Hugues de Châtillon en 1233, confirmée et admortie en 1336 par Jehanne Reyne de France (Déclaration du temporel de l'abbaye du 6 septembre 1522; *l'Abb. du Pont-aux-Dames*, par Berthault, p. 200).

L'abbaye jouissait encore sur lesdits moulins du droit de franche mouture (*l'Abb. du Pont-aux-Dames*, p. 212).

En 1574, ce moulin était loué à Renauld Tribou pour six années à commencer le jour de la Madeleine 1573, moyennant 22 muids de grains, les 2/3 bonne, l'autre grosse, à la mesure de Crécy et payables en 4 termes. Il était chargé des redevances suivantes :

	Muids.	Sept.
Au chapitre de Crécy (église Collégiale)	»	5
Au chapelain de la chapelle Notre-Dame Saint-Georges de Crécy	4	»
Au chapelain de la chapelle Saint-Jean-Baptiste fondée en l'Hôtel-Dieu de Crécy	»	1

	Muids.	Sept.
A l'abbaye du Pont-aux-Dames.	»	1
Au seigneur de Voulangis	3	6
Aux héritiers ou ayants cause de feu Méline Lapostole.	»	10
Total	8	11

(E. 1649. *Archives départementales.*)

En 1619-1620, les cinq moulins banaux du domaine de Crécy (Prémol, Tigeaux, Crécy, Villiers et Arnould) étaient affermés ensemble pour 53 muids de grains (636 septiers), dont 2/3 en blé et le surplus en grosse mouture (orge et seigle). En revanche ils étaient chargés des mêmes redevances qu'en 1574, sauf celle due au chapitre de Crécy, qui avait été portée de 5 à 6 septiers (E. 1649. *Arch. dép.*).

En 1674, le chapelain du château de Crécy se nommait de Sainte-Beuve.

Il résulte d'une déclaration faite au terrier de Crécy le 30 août 1692, que le collège du cardinal Lemoyne à Paris jouissait, à titre de fief, de 6 muids 8 septiers de grain, 2/3 en blé « et 1/3 en orge sur les moulins du domaine de Crécy », assignés par titre sur le moulin dit de Rézy (Tigeaux) et sur les trois moulins situés au-dessous.

Cette redevance avait été acquise par Jean Cardinal dit Lemoyne, de petits particuliers et a fait partie de la fondation du collège de ce nom (E. 1639, *Arch. dép.*).

Il faut croire qu'au commencement du XVIIIe siècle la profession de meunier n'enrichissait pas celui qui la pratiquait, car beaucoup de ceux du domaine ne pouvaient faire face à leurs engagements. Ainsi celui du moulin de Crécy et ceux des quatre autres moulins banaux du domaine de Crécy, qui n'avaient pas payé depuis un an et demi les redevances en grains, déclarent qu'ils ne peuvent les payer, « au lieu de « bled que de l'orge; au lieu d'orge de l'avoine et autres « menus grains, en raison de la nécessité de l'année, les bleds « geléz, le défaut de mouillage à l'ordinaire, le montage et « avalage des bateaux incessants, etc., etc. » (E. 1649. *Arch. dép.*).

Il est probable qu'ils reçurent satisfaction, tout au moins en partie, car les plaintes ne se renouvelèrent pas les années suivantes.

Le paiement des redevances aux ayants droit donnait souvent lieu à des contestations entre les seigneurs engagistes du domaine et les rentiers.

En 1740, les dames religieuses du prieuré de Fontaine, ordre de Fontevrault du diocèse de Meaux, ne pouvaient parvenir à se faire délivrer les *14 septiers de blé* qu'elles avaient droit de prélever sur les moulins du domaine, et que le dernier engagiste, M. Ménage de Mondésir, prétendait acquitter par 2/3 en blé et 1/3 en orge (E. 1649, *Arch. dép.*).

En 1733 le moulin de Crécy était loué à Pierre Martin dit le Prince, suivant bail passé devant maître Lapille, notaire à Crécy.

En 1778, suivant bail des 3-14 janvier 1773, le meunier, Nicolas Lhuilier (remplaçant Leroy) et sa femme Marie-Madeleine Vasset, précédemment meuniers à Serbonne, renouvellent leur bail pour trois ans seulement, devant Lamarche, notaire à Crécy.

Les conditions du bail étaient les suivantes :

	Livres.	Sols.
16 muids 6 septiers de grains mesure de Crécy, estimés (le 12 frimaire an VII). .	2 772	
Pour le pré de Manche, d'une contenance de 29 Ats. 20 p. 1/2, mesure du lieu, avec le jardin près de l'église de 40 perches.	470	»
2 septiers de grenailles	10	»
14 chapons gras.	17	50
Entretien des logis	12	»
Entretien de l'écluse de la porte à bateaux.	6	»
Curage du brasset depuis le moulin jusqu'à la bâtisse étant au-dessus	4	»
Curage des fossés sangsues et rigoles du pré de Manche	3	20
Taille	386	»
Total.	3 680	70

Le 20 décembre 1781, Lhuillier renouvelle son bail pour la

troisième fois devant Lemaire, notaire à Crécy, et Louis Bigot de la Borde, avocat au parlement, lieutenant général aux bailliages de Crécy et d'Eu, correspondant du duc de Penthièvre. Les conditions étaient celles du bail précédent; mais, détail particulier, Lhuillier ne savait ni lire, ni écrire! Gouget lui succède (bail du 27 juillet 1788), mais pour prendre possession seulement le 1er avril 1791, aux mêmes charges et conditions, sauf que la rente en grains avait été réduite à 15 muids sur la récente réclamation de Gouget, qui avait fait remarquer que, lors de la passation de son bail, « le moulin « avait pour banniers tous les habitants de Crécy, qu'on « s'occupait du rétablissement du pont, que la mouture se « percevait en grains, que les eaux étaient abondantes, que « depuis ce bail la municipalité de Crécy s'était affranchie « elle-même de la banalité dès avant le 1er juillet 1789, « qu'elle a fait ouvrir les portes à bateaux à sa volonté, ce « qui a causé d'autant plus de dommages audit moulin qu'il « n'est construit que sur un brasset de la rivière, que le pont « n'est pas rétabli, qu'on ne parle même pas de le rétablir, « qu'on a construit deux nouveaux moulins dans son voisinage « (Nicolle et la Chapelle); que M. de Bourbon-Penthièvre, « sur les réclamations de la ville, a établi de vastes déversoirs « qui ne laissent pas arriver au moulin toute l'eau dont il a « besoin; que les habitants ne veulent plus donner leur mou- « ture en grains, quoique la redevance soit fixée en grains, « qu'il ne peut percevoir que 16 sols par septier, qu'enfin il « ne lui est pas possible d'exécuter ce bail; dans ces conditions « il demande qu'il lui soit fait une réduction. » On sent que la Révolution est proche (66. L. 1. *Arch. dép.*).

Celle-ci survenant, les biens du duc de Penthièvre furent confisqués au profit de la nation sur son héritière, la duchesse d'Orléans; il fut vendu le 24 nivôse an VII à Antoine-Nicolas Lesueur Florent, demeurant à Vignolles (commune de Gretz), avec le pré de *Manche* et le petit jardin près de l'église, moyennant 1 242 000 francs, en assignats sans doute, car le procès-verbal d'estimation du 12 frimaire an VII ne montait qu'à 64 861 fr. 55. A Florent succéda Dantant, puis vinrent les familles Goujet, Maciet, enfin M. Plisson-Maciet, qui l'exploite encore à l'heure actuelle. Il est muni de 8 paires de cylindres, pouvant moudre environ 22 000 hectolitres de blé par an. Nous donnons ci-après copies de diverses pièces concernant ce moulin :

24 nivôse an VII.

(1. S. 352. *Archives départementales* de Seine-et-Marne.)

Suivant procès-verbal dressé le 24 nivôse an VII par MM. les membres de l'administration centrale du département de Seine-et-Marne, et le commissaire du directoire exécutif près cette administration,

M. Antoine-Nicolas Lesueur Florent, entrepreneur de travaux publics, demeurant à Vignolles, commune de Gretz (aujourd'hui représenté par M. François-Joseph Maciet, propriétaire à Crécy), s'est rendu adjudicataire, entre autres immeubles :

D'un moulin à eau et à bled, appelé moulin de Crécy, avec les bâtiments et terrains en dépendant, tournans, moulans et travaillans, etc., etc., concernant ledit moulin.

Ce domaine, situé à Crécy et provenant de la veuve Philippe-Joseph d'Orléans, est devenu national en vertu de la loi du 19 fructidor an V, portant article 34 que les décrets du 1er août et 17 septembre 1793 et 21 prairial an III qui ordonnent l'expulsion des Bourbons, y compris ladite veuve Philippe d'Orléans, et la confiscation de leurs biens seront exécutés, lequel domaine était loué en 1790 avec le droit de banalité, depuis supprimé, au sieur Gouget suivant bail passé devant Me Belurgey et son confrère, notaire à Paris, le 27 juillet 1788.

Cette vente a eu lieu à la charge par l'adjudicataire :

1° De conserver les hauteurs de vanne et chutte existant alors, esquelles ne peuvent être changées qu'avec la permission de l'administration centrale et suivant les repères et dimensions qui seront établis par ses agents ou commissaires, etc., arrêtés par elle;

2° Des réparations grosses et menues, des reconstructions des écluses, portes et bateaux, etc., etc.

Cette vente a eu lieu, pour la totalité, moyennant une somme totale de un million deux cent quarante-deux mille francs, qui a été payée suivant quittance à la suite dudit présent procès-verbal d'adjudication définitive donnée par M. Symond et en date à Melun du 2 messidor an IX.

Le présent extrait collationné sur les titres de M. Maciet, propriétaire actuel dudit moulin, par nous, maire de la ville de Crécy.

A Crécy, le 23 janvier 1849.

Le maire : Opoix.

Jugement du 22 décembre 1775, concernant la banalité des cinq moulins de Crécy-en-Brie.

(1. S. 352. *Archives départementales* de Seine-et-Marne.)

Les commissaires députés par le roi par ses lettres patentes des 28 mars 1762, 15 avril 1764, 7 mai 1765, 11 avril 1771 et 6 juin 1772, registrées en la Chambre des Comptes les 31 août 1762, 8 mai 1764, 28 juin 1765, 15 mai 1771 et 4 juillet 1772, pour procéder aux évaluations des biens échangés entre le Roy et Louis-Charles de Bourbon, comte d'Eu, assemblés en la Chambre du Conseil et la Chambre des Comptes,

Vu par nous, commissaires susdits, le contrat passé devant Baron et son confrère, notaires au Châtelet de Paris, le 19 mars 1762, par lequel en échange de la souveraineté et principauté des Dombes, les commissaires à ce députés par le roi ont cédé audit sieur comte d'Eu, entre autres domaines, le domaine de Crécy et la forêt en dépendant. Les lettres patentes du mois de mars audit an, emportant ratification dudit contrat d'échange, registrées en la Chambre ainsi que ledit contrat le 31 août suivant.

Notre jugement du 12 septembre 1775, par lequel nous avons donné acte au sieur duc de Penthièvre de la reprise par lui faite en qualité de seul et unique héritier dudit sieur comte d'Eu, de l'instance d'évaluation des biens échangés par ledit contrat et ordonné qu'il y serait procédé sous son nom suivant les derniers errements ;

Le réquisitoire du procureur général du Roi fait en la vacation de ce jourd'hui de notre procès-verbal de procédure, contenant que par la communication qu'il a prise des pièces produites, il ne voit qu'il n'y en ait de contraires aux droits réclamés par le domaine;

Les maire et échevins de la ville de Crécy n'établissent par aucun titre l'exemption des droits de feu dont ils prétendent que les habitants ont toujours joui, et leur déclaration au procès-verbal de reconnaissance qui réduit ce privilège à ceux de ses habitants qui payent le droit d'hotise, annonce assez qu'ils comptent peu sur une exemption générale. Elle ne paraît pas même devoir être particulière parce que ce droit de feu et celui d'hotise n'ayant rien de commun, ne peuvent être confondus, etc., etc.

Vient ensuite la réquisition ainsi conçue :

Pourquoi requiert le Procureur général du roi qu'il vous plaise déclarer :

1° Le droit de feu à raison de cinq sols, dû au domaine de Crécy par tous les vassaux et justiciables du domaine, etc.;

2° De déclarer pareillement le droit d'hotise à raison de 10 sols, etc.;

3° D'ordonner que tous les sujets dudit domaine seront assujettis à la banalité des moulins, et que le droit de mouture sera payé aux meuniers à raison du seizième.

En conséquence, sans s'arrêter ni avoir égard aux demandes en exemption d'aucun desdits droits formés par les habitants, etc., etc.

JUGEMENT :

Ouy le rapport du sieur Lamouche, conseiller auditeur, l'un de nous et tout considéré,

Nous, commissaires susdits fesant droit sur les conclusions du Procureur général du roi, avons fixé à raison de cinq sols par feu la redevance due au domaine de Crécy, sous la dénomination du droit de feu, etc., etc.;

Avons pareillement fixé à raison de dix sols par arpent la redevance dénommée droit d'hotise due audit domaine sur les maisons, héritages de la ville de Crécy, situées sur la paroisse de la Chapelle-sur-Crécy, en deçà du ru qui traverse ledit village de Crécy;

Déclarons assujettir à la banalité des cinq moulins du domaine de Crécy, ensemble les justiciables ressortissant par appel à la justice dudit bailliage pour raison de laquelle banalité il continuera d'être perçu au profit dudit domaine par les meuniers et les fermiers desdits moulins un droit de mouture que nous avons fixé au 1/16e des grains de toute nature qui seront apportés auxdits moulins; défendons auxdits meuniers et fermiers de percevoir un plus grand droit à peine de concussion et de telle autre peine qu'il appartiendra.

En conséquence, sans s'arrêter ni avoir égard aux demandes en exemption d'aucun desdits droits permis, savoir par les habitants de la ville de Crécy pour le droit de feu, et par ceux des paroisses de Couilly, Saint-Germain, etc., etc.

Fait et jugé en la Chambre du Conseil, les Chambres des Comptes à Paris le vingt-deux décembre 1775, collationné.

Signé : LOUVET, avec paraphe.

Ces présentes collationnées conforme à l'expédition en parchemin représentée et à l'instant rendue par les notaires royaux en la ville de Crécy-en-Brie y résidant, soussignés.

Ce 6 juin 1777.

Signé : JUVIGNY et BERTIN.

Contrôlé à Crécy, le 6 juin 1777, par Susbielle.

17. — Moulin du faubourg de Crécy ou de Voulangis (Commune de Voulangis).

Ce moulin, bâti sur la rive gauche du Grand-Morin, en face Crécy, existait au XVIe siècle; c'était à cette époque un moulin à blé, dont le meunier, Jean Deverdent, laboureur à Voulangis, figure en 1526, au terrier de Moulangis (*Arch. dép.*, D. 2); au XVIIe siècle, il était devenu à tan; enfin, au cours du XVIIIe siècle, il fut transformé à nouveau en moulin à blé.

Il dépendait du domaine de Crécy. Le 27 mars 1726, le cardinal de Coislin, engagiste dudit domaine, le donne à rente à Pierre-Antoine Martin, dit le Prince, dont la famille l'exploita pendant si longtemps, que le moulin fut désigné jusqu'à ces derniers temps sous le nom de : Moulin le Prince.

Au cours de l'année 1733, un différend s'éleva entre le seigneur et son locataire; le Prince prétendit avoir des droits sur la propriété dudit moulin, qui n'était encore qu'à tan, mais l'engagiste le mit en demeure d'en justifier la légitimité devant le Conseil du Roy. L'affaire suivit son cours, et sans doute que Le Prince n'était pas sûr de son fait, car il renouvela son bail pour six ou neuf années et conclut avec le représentant du duc de Bethune-Charost, engagiste, un arrangement, aux termes duquel le bail consenti ne préjudicierait en rien aux droits de chacune des parties, dans le procès en instance au Conseil du Roy, et que, dans le cas où l'arrêt rendu deviendrait contradictoire, le seigneur de Crécy ne pourrait le mettre à exécution pendant la durée du bail; et qu'en outre s'il survenait, pendant le cours dudit bail, des réparations à faire aux deux moulins à blé (celui de Crécy) et à tan (celui de Voulangis), autres que celles dont ledit

Saint-Martin est chargé par son bail, elles seront faites à frais communs et par moitié entre eux, comme celles actuellement nécessaires à faire à l'écluse du Potereau des Religieuses et à celles du pont Court (E. 1734. *Arch. dép.*).

Devenu, après la Révolution, la propriété de la famille François, il passa dans celle des Maciette; enfin il appartient aujourd'hui à M. Plisson-Maciette, qui utilise sa chute pour augmenter la force de son moulin de Crécy, dont il est également propriétaire.

18. — Moulin de la Chapelle-sur-Crécy.

Ce moulin est construit sur la rive droite du Grand-Morin, proche de l'église de la Chapelle.

Son existence est constatée dans un compte que Jehan Dufour, receveur, rend à la reine Jehanne pour les années 1363-1364, déjà cité (Reg. KK. 4. *Arch. nat.*, voir le moulin Arnould).

Un second moulin existait en cet endroit à la fin du XIVe siècle. Abandonnés ou détruits tous les deux pendant la guerre des Anglais, ils ne donnaient plus aucun revenu au XVe siècle, ainsi qu'un compte de la fin dudit XVe siècle le fait connaître : « Revenus des deux moulins de la Chapelle-« les-Crécy... Néant, attendu que l'un a été baillé à charge « de reconstruction, l'autre qui est ruiné... ».

Du domaine royal, le moulin, qui avait été reconstruit, passa dans les mains de particuliers, et au commencement du XVe siècle il faisait partie d'un fief dit : de Grand Moulin, appartenant alors à Jean de Charmoisy, seigneur de Monthérand (commune de Guérard), capitaine-gouverneur de Crécy, qui en rendit, le 24 juillet 1414, foy et hommage au seigneur de Montaudier, dont ledit fief relevait.

En 1566, il était devenu moulin à drap, tenu par Jean Honnet, et lui appartenait par indivis avec sa sœur Claude (partage Villette du 20 avril 1566).

En 1609, le deuxième moulin était également relevé de ses

ruines, ainsi qu'il en est fait mention dans un registre de recepte des cens dus aux seigneurs de Montaudier, la Chapelle et Libernon, notamment à Jean Bureau, écuyer, on y lit : « Le premier tenu par Nicolas Bauldoin pour le moulin à « huile dudit lieu de la Chappelle chargé de 18 deniers « tournois de cens, l'autre moulin appartenant à ceux de « Lagny, pourquoi y a procès par appel à Meaux. Néant » (E. 1685. *Arch. dép.*).

Quel était ce procès? quels étaient les plaideurs? nous l'ignorons.

Le deuxième moulin qui était à tan avait été baillé précédemment par les seigneurs de Lagny à rente perpétuelle. En 1621, il était détenu par Jehan François, Étienne Buhot et Claude Gilles, marchands, demeurant à Lagny, qui le 5 septembre 1621 déclarent au procureur fiscal Roger de la châtellenie de Lagny qu'ils sont détempteurs-propriétaires, possesseurs en tout par indivis « d'un moulin à tan, apparte- « nances et dépendances, iceluy assis à la Chapelle-sur-le- « Crécy » (E. 1720, *Arch. dép.*).

Peu de temps après (juin 1627), ce moulin est transformé en moulin à drap, tandis que le second moulin était maintenu à huile (E. 1685, *Arch. dép.*); à cette date : Isaac Hubert, Simon Gibert et Claude Bourgongne, marchands tanneurs à Crécy, devenus possesseurs du premier moulin par suite de l'acquisition qu'ils en avaient faite de Jehan Navarre, Etienne Buhot de Lagny et Pierre Cousin de Crécy, suivant acte Jean Doyé, notaire royal à Meaux, renouvellent un titre de rente de 34 livres ts. au profit de Guillaume Léger, prévôt de la maréchaussée de France à Meaux, à raison d'un « molin à draps à la Chapelle sur la « rivière de Morin, aysance au chemin qui conduit de la « grande rue au-dit molin, et au molin à l'huile appartenant « à Nicolas Bauldoin » (E. 1720. *Arch. dép.*).

Plus tard, au XVIIIe siècle, ces deux moulins furent détruits et la chute fut utilisée pour faire mouvoir un moteur hydraulique destiné à fournir les eaux nécessaires aux jardins, jets, cascades et fontaines du jardin du Vieux Château de la Chapelle, bâti par Sully, et dont les jardins avaient été dessinés par Le Nôtre.

Ces installations durèrent jusqu'à la Révolution, où tout fut détruit; un moulin à blé remplaça les machines hydrauliques (66. L. 1. *Arch. dép.*). Détruit par l'incendie à deux reprises différentes, depuis environ quarante ans, il a été reconstruit et continue à moudre le blé.

Il appartient aujourd'hui à la famille de Moustiers et est exploité par M. Plisson fils.

Il est muni de 3 paires de meules et de 2 paires de cylindres. Il peut moudre annuellement 14 000 hectolitres de blé.

19. — Moulin de Serbonne

(Commune de la Chapelle-sur-Crécy).

Situé sur la rive droite de la rivière, proche du hameau dont il porte le nom, il est dominé au nord par un coteau à pic qui oblige la rivière à faire un long détour pour gagner Crécy; tour à tour moulin à blé, à huile, à drap et à tan, il existait déjà au XIVe siècle, car le 3 avril 1402 Jean du Plessis et Pierre Le Barrois, seigneurs chacun pour un quart de Serbonne, abandonnent à un nommé Benoist « une place « où avait existé un moulin avec le cours de l'eau pour en « construire un nouveau avec écluses, soit à blé, soit à drap, « moyennant seulement un denier de cens et trois sols quatre « deniers de rente » (*Contrat devant Audigeois, notaire à Crécy*).

En 1499, il était de nouveau tombé en ruines; il ne fut rétabli qu'au milieu du XVIe siècle, de 1550 à 1552. A ce moment Le Gentilhomme et Jean Hennequin, propriétaires par indivis dudit moulin, y firent exécuter d'importants travaux qui donnèrent lieu à un procès que leur intenta l'engagiste du domaine de Crécy.

Ce dernier prétendait que le nouveau moulin serait nuisible à ceux du Roi; mais il fut débouté de sa prétention, sur le vu des anciens titres produits par ses adversaires. Les familles Le Gentilhomme et Hennequin restèrent longtemps, par indivis, possesseurs de ce moulin; plus tard, chaque famille vendit la moitié qui lui appartenait.

Le 26 janvier 1601, suivant acte passé devant Bridou, notaire à Crécy, François Fontaine, laboureur et meunier à Serbonne, reconnaît être détenteur du moulin à blé du lieu,

MOULIN DE SERBONNE

et être, comme tel, chargé d'une rente principale d'un écu sol, envers Antoine du Roy, seigneur de Bessy et de Serbonne en partie.

Dans le cours du XVIIe siècle il fut transformé en moulin à huile, puis il tomba encore en ruines.

Plus tard (vers 1750-1760), MM. des Courtils de Bessy, et Langlois de Rézy, qui en étaient devenus propriétaires, donnent « l'emplacement et la chute à rente, à charge de le « reconstruire et d'en faire un moulin à blé, moyennant un « muid de blé et certaines redevances », mais M. Ménage de Mondésir, engagiste du domaine de Crécy, qui avait ses moulins banaux sur le Morin dans le voisinage, ainsi que la propriété seigneuriale de la rivière, contesta aux seigneurs de Serbonne le droit de transformer leur moulin (*Arch. dép.*, E. 1648) sous le prétexte, déjà soulevé en 1550-1552 par un de ses prédécesseurs, qu'il nuirait aux moulins du Roi, que les meuniers du domaine seraient empêchés dans leur queste et chasse, dans toute la dépendance de la châtellenie, qu'en somme si ledit moulin avait le droit de moudre du grain, ce ne pouvait être que celui des habitants des seigneuries dont il dépendait.

L'un des copropriétaires, M. Langlois de Rézy, répondit que l'effet de la banalité était : 1° d'obliger les justiciables du seigneur de moudre à son moulin; 2° d'empêcher d'établir des moulins dans toute l'étendue de la seigneurie.

Mais la banalité, considérée dans ces deux cas, laisse la liberté d'en établir à ceux qui n'y sont pas sujets, la seigneurie étant un territoire distinct de celui auquel la banalité est attachée; que d'un côté le hameau de Serbonne étant un domaine particulier ne dépendant pas de celui de Crécy, et de l'autre, que le bras d'eau qui passe dans les terres de ce hameau appartenant au seigneur particulier, l'engagiste du Roy ne peut empêcher ce seigneur de construire un moulin sur ce bras d'eau : la conversion du moulin à huile en moulin à blé forme un préjugé considérable en faveur du droit de ce seigneur, car s'il a pu faire usage du premier il le peut de même à l'égard du second, l'un et l'autre supposent que le bras d'eau lui appartient; il faudrait pour le combattre que les titres de la banalité fussent contraires (E. 1648. *Arch. dép.*).

MM. Langlois et des Courtils passèrent outre aux prétentions de M. Ménage et le moulin fut reconstruit. A la Révolution, saisi et confisqué, il fut vendu comme bien national.

Reconstruit vers 1830, avec les nouveaux perfectionnements, par M. Catois, dont les ancêtres l'avaient exploité pendant de longues années avant 1793, il fut détruit par l'incendie vers 1860, il a été reconstruit; il est aujourd'hui la propriété de M. Abel Leblanc fils, il est exploité par

M. Grandhomme. Il peut moudre avec ses 3 paires de meules environ 6 000 hectolitres de blé par an. Il est encore utilisé pour la production de l'électricité destinée au château de Bessy, résidence de M. Leblanc.

Nous donnons ci-après copie de trois pièces des XVIIe et XVIIIe siècles, concernant ce moulin.

GÉNÉRALITÉ DE PARIS

25 septembre 1676.

Un moulin à bled appellé de Serbonne sur la rivière dudit Morin parroisse de la Chapelle près Crécy, avec une petite isle près ledit Morin contenant quinze perches ou environ. Pour en jouir par l'acquéreur à titre de propriété incommutable à perpétuité. A la charge de la tenir et conduire : de Sa Majesté payer par chacun an et jour Saint-Rémy à la recette du domaine de Crécy cinq sols cens portans lots à toutes saizines à amende, le cas eschéant suivant la coustume, et de rembourser l'engagiste s'il y eschu.

Mis à prix par M. Nicolas Boullard, advocat au Conseil, à la somme de huit cens livres et les deux sols pour livres aux charges cy-dessus.

Du 4 septembre 1676 : Poudreau, 1 850 livres t.

Du 25 septembre 1676, à 1 500 livres.

Du 12 novembre 1676 : Pinon, 900 livres t.; adjugé sauf 15 deniers.

Du 26 novembre 1676 : adjugé à Poudreau, 1 000 livres t.

(*Archives nationales*, Q 1, 1415.)

EXTRAIT DU REGISTRE DU CONSEIL D'ÉTAT

29 juin 1729.

(Vu le présent arrêt, nous ordonnons qu'il sera imprimé pour être exécuté selon sa forme et teneur et signifié aux engagistes actuels du Moulin de Serbonne, scitué sur la rivière du Grand-Morin.)

Paris, 19 septembre 1780.

Vu au conseil d'État du roi, l'offre et soumission faite de payer au domaine de Sa Majesté, une rente annuelle de dix livres, avec le sol pour livre du principal d'icelle, sur le pied du denier trente, et de rembourser les finances payées par les anciens engagistes pour la revente, à titre d'engagement du moulin de Serbonne, scitué sur la rivière du Grand-Morin, dans la paroisse de la Chapelle-sous-Crécy. Et Sa Majesté voulant qu'il soit procédé à ladite revente; *Oui*, le rapport dudit Moreau de Beaumont, conseiller d'État ordinaire et au Conseil royal des finances. Le roi étant en son conseil, a ordonné et ordonne que pour le sous-intendant et commissaire départi en la généralité de Paris, que Sa Majesté a commis, et commet à cet effet il sera, après trois publications de huitaine en huitaine, procédé à la revente et adjudication, à titre d'engagement au plus offrant et dernier enchérisseur du moulin de Serbonne, scitué sur la rivière du Grand-Morin, dans la paroisse de la Chapelle-sous-Crécy, aliéné en mil six cens soixante-seize, sur l'offre de payer au domaine de Sa Majesté une rente annuelle de dix livres, avec le sol pour livre du principal d'icelle, sur le pied du denier trente, et de rembourser les finances payées par les anciens engagistes. Sauf une quatrième et dernière publication, et l'adjudication définitive au château des Tuileries par-devant les sieurs commissaires députez pour la revente des domaines de Sa Majesté, et sera le présent arrêt signifié aux engagistes actuels, publié, affiché de l'ordre dudit sous-intendant avant de procéder à ladite revente.

Fait au Conseil d'État du Roi, Sa Majesté y étant.
Tenue à Versailles, le 9 juin 1779.

Signé : ANCELOT.

(Q 1, 1415, *Arch. nat.*)

28 juillet 1779.

(Signification de l'arrêt contenant opposition à l'exécution d'yceluy.)

L'an mil sept cent soixante-dix-neuf, le vingt-huit juillet, à la requête de monseigneur l'Intendant de la généralité de Paris y demeurant en son hôtel où il fait ellection de domicille, je, Estiene Lelong, premier huissier-audiencier en la mairie et hôtel de ville de Meaux, y demeurant, exploitant par tout le royaume,

Soussigné, signiffié et baillé copie à Me Bertin, procureur, engagiste actuel du moulin dont sera cy-après parlé, demeurant à la Chapelle-sous-Crécy en son domicille, et parlant audit Me Bertin,

D'un arrêt rendu au conseil d'État du roi le neuf juin dernier, qui ordonne la revente et adjudication à titre d'engagement au plus offrant et dernier enchérisseur du moulin de Serbonne situé dans la rivière du Grand-Morin dans la paroisse de la Chapelle-sous-Crécy, à ce que du contenu en iceluy il n'en ignore;

Lequel Me Bertin parlant comme dit est m'a fait réponse qu'il se rend opposant à l'exécution de l'arrêt du Conseil à lui cy-dessus signiffié, attendu qu'il n'est point propriétaire originaire du moulin dont est question. En conséquence du prétendu engagement énoncé audit arrêt, mais bien au contraire par le moyen du bail à rente qui lui a été fait à ceux qui le représente. Me Jean Hennequin, conseiller au parlement, seigneur de Serbonne, devant Vallée et Loison, notaires à Paris, le quatre décembre mil cinq cent quarante-neuf, que d'ailleurs ledit moulin n'est point scitué sur la rivière dudit Morin, mais bien sur une branche d'ycelle, et que d'ailleurs quand il y serait scitué, Sa Majesté par sa déclaration du mois d'avril mil six cent quatre-ving-trois, a confirmé tous les propriétaires des moulins et autres édifices sur les rivières navigables du royaume dans leur possession et jouissance, pourvu qu'elles soient centenaires, celle qu'il a par ceux qu'il représente étant de mil cinq cent quarante-neuf, elle était alors beaucoup plus que centenaire, qu'il ne fait aucun doute que le susdit arrêt du Conseil contre lui est une erreur de fait, attendu que si effectivement il a eu aucuns engagements en mil six cent soixante-seize d'un moulin appelé Serbonne sur la rivière du Morin, ce ne peut être de Serbonne en la paroisse de la Chapelle-sur-Crécy, mais bien d'un autre Serbonne qu'il a apris exister es environs de la Ferté-Gauché, qu'il en a informé Messieurs de la régie du domaine, et que d'après l'exactitude du fait cy-dessus, il a tous lieux d'être surpris de leur recherche, qu'en conséquence et dans le cas où il seroit procédé à leur diligence à aucune adjudication et vente de sondit moulin. Il proteste de se pourvoir contre icelles par les voyes de droit, même d'appeller et mettre en cause ses garants de laquelle réponse cy-dessus il m'a requis acte et a signé avec moi tant la copie laissée audit Me Bertin portant comme dessus et que le présent. Sous les protestations de ma part que sadite réponse cy-dessus ne pourra nuyre ny préjudicier aux droits de Sa Majesté et aussi sous les protestations et réserves et contrains dudit Me Bertin. Fait ledit jour et an susdits.

Signé : BERTIN.

Signé : LELONG.

Contrôlé à Meaux, le 30 juillet 1779.

Signé : DUBUAT (*sans droits*).

Huissier 3 Livres.	3.
Ex. et copie, plus copie d'arrêt.	1.3
	4.3

Me DESCHAMPS, percepteur.

(*Archives nationales*, Q 1, 1415.)

20. — Moulin de Tigeaux ou de Rézy.

Ce moulin à blé, situé sur la rive gauche de la rivière, en face la ferme de Rézy, était autrefois désigné indistinctement sous les noms de Tigeaux ou de Rézy. C'était avant la Révolution l'un des cinq moulins banaux du domaine de Crécy.

Son existence remonte à une date éloignée; dans tous les cas, elle est antérieure au xve siècle. Il est d'ailleurs cité dans un compte du domaine de Crécy de l'année 1423, dans lequel il est dit que les écoliers du cardinal Lemoine, créanciers d'une rente de 6 muids 8 septiers de blé à prendre sur le moulin de Rézy, ne reçoivent rien « le moulin étant détruit par les guerres et de nulle valeur » (*Almanach du Diocèse de Meaux*, 1893, p. 175).

Ce moulin fit toujours partie du domaine de Crécy, jusqu'à la Révolution. Un compte de l'année 1574 nous apprend qu'à cette époque il était « baillé à ferme à Gervais Cordier « comme plus offrant et dernier enchérisseur pour 6 années « commencées au jour de la Magdeleine 1573 (22 juillet), « moyennant 4 muids 9 septiers de grains, 2/3 bonne, l'autre grosse... ».

Il était chargé des rentes ou redevances suivantes :

	Muids.	Sept.
Au chapelain de la Maladrerie de Crécy	»	18
Aux Religieuses de Bonne-Fontaine de l'Ortie, réunie postérieurement à la fabrique de Claye (1er juillet 1783), G. 270 (*Archiv. départ.*) (un muid).	»	12
Aux sieurs boursiers, maistres et écoliers du cardinal Lemoyne à Paris, ayants droit de Geoffroy Duplessis . . . . 6 muids, 8 sept.	»	80
Total	9	2

C'est-à-dire beaucoup plus qu'il n'était affermé; il ne pouvait donc faire face aux redevances dont il était chargé, et le surplus de celles-ci était prélevé, sur les quatre autres moulins banaux, ainsi qu'en avaient décidé les auteurs de ces libéralités.

Celles dues au chapelain de Crécy et aux religieuses de Fontaine provenaient d'une donation faite par la reine Jeanne; celle du cardinal Lemoyne provenait d'une réunion au domaine de Crécy, d'un petit fief situé sur Voulangis, et qui était grevé lui-même d'une pareille rente (E. 1649. *Arch. dép.*).

Toutes ces rentes furent payées jusqu'à la Révolution.

De 1622 à 1646, le meunier était Jean Dauny; le bail consenti à son profit par Antoine de Moncry, receveur du domaine de Crécy pour le marquis de Coislin, comprend cette clause bizarre : « prêt de 4 chevaux garnis de leurs panneaux et brides ». C'est la seule fois que nous ayons constaté dans des baux de moulins, que le propriétaire fournissait lui-même une partie de la monture nécessaire à l'exploitation (E. 1215. *Arch. dép.*).

Le 8 mars 1738, Louis Dallé, fils mineur de Claude Dallé, meunier, et Marguerite Aubé, sa femme, demeurant avec eux audit moulin, leur succède; mais vers la fin de son bail (1747) il eut des difficultés avec son bailleur, qui le 22 février le fit assigner devant le lieutenant du bailliage de Meaux.

Le 3 mars suivant, le juge le condamne à la résiliation de son bail et aux dépens, pour ne pas en avoir exécuté les conditions (E. 1640. *Arch. dép.*).

En 1757 des réparations importantes sont exécutées audit moulin. A cette date, Pierre-Marin Coubret en était le meunier; il fut remplacé, à partir du 1er janvier 1781, par François Catois, meunier à Serbonne, par bail du 5 décembre 1780 passé devant Belurgey, notaire à Crécy.

La durée du bail était de neuf années; avec le moulin étaient compris : les accins, les îles, îlots et 4 arpents de terre labourable qui faisaient autrefois partie de l'étang de Bézines, précédemment desséché; le droit de pêche depuis ledit moulin jusques et y compris l'endroit du gué de Rézy (supprimé en 1890 et remplacé par un pont métallique), ainsi que ce droit appartenait au seigneur de Crécy, faisant partie de ses racles de rivière, « tel qu'il doit être exercé, sans nuire au droit de pêche affermé à M. le chevalier des Courty, seigneur de Bessy »; le droit de quête et de chasse monée dans l'étendue du domaine; plus les charges ordinaires en pareille location : élever la porte *d'avallage* des bateaux pour donner l'eau basse au besoin suivant l'usage; de comparaître aux assises;

Et en outre moyennant 7 muids de grains en nature; 2/3 en blé et 1/3 en orge, 20 livr. t. d'argent, 6 canards et 6 chapons de fermage annuel, payables à diverses époques (E. 198. *Arch. dép.*).

La prisée fut faite le 3 janvier 1781, par Jean-Joseph Lirot, charpentier, pour Catois, et Simon Lirot, également charpentier, pour Coubret.

A Catois succéda Jean-François Solenne et sa femme Marie Françoise Dubois, suivant bail du 3 février 1789 (Belurgey, notaire), aux mêmes conditions du bail précédent, pour prendre possession le 1er janvier 1789; la redevance en argent était portée de 20 livr. t. à 75 livr. t. (E. 198. *Arch. dép.*).

Confisqué en vertu de la loi du 19 fructidor an V sur la veuve de Philippe-Joseph d'Orléans, il fut vendu au profit de la nation, le 14 brumaire an VII, à Jean-Simon Defiennes, demeurant à Paris, Palais-Egalité, cour des Fontaines, n° 1108, moyennant, avec les îles, îlots et les 4 arpents de l'étang de Bézines, le prix de 8 200 francs.

Il passa ensuite entre les mains de M. Henry. En septembre 1810, M. Armand de Biencourt, propriétaire de la ferme de Rézy, dont les terres bordaient le Grand-Morin, renouvelle la demande qu'il avait déjà formulée sans succès, en l'an XIII; il expose au Préfet du département qu'il supporte les inconvénients du halage, etc., et sollicite l'autorisation d'édifier un nouveau moulin en face de celui de Tigeaux.

Cette demande souleva de nombreuses protestations des maîtres mariniers, de Jacques Solenne, meunier du moulin de Tigeaux, qui demande que dans le cas où un deuxième moulin serait autorisé, qu'il lui soit donné la préférence, comme ayant toutes les charges relatives à la navigation. Ces deux demandes eurent le même sort que celle de l'an XIII. Elles furent rejetées par arrêté préfectoral du 12 février 1811, approuvé par décision ministérielle du 17 mars 1812, comme « nuisibles à la navigation » (3-S. H. 73. *Arch. dép.*). Il passa ensuite entre les mains de Desbœuf, dont la veuve le possédait encore en 1830. En 1839, le moulin était exploité par M. Abit André et sa femme Cécile Desbœuf, sur lesquels il fut saisi, à la requête de Joseph-Dominique Deligne, cultivateur à Rutel. Abit, mis en faillite, fut expulsé par le propriétaire.

Il fut entièrement reconstruit en 1850 et monté à l'anglaise avec 7 paires de meules.

En 1865, il était la propriété de M. François.

Plus tard, 6 paires de meules ont été remplacées par 4 cylindres en acier; une seule paire de meules a été conservée.

Il appartient actuellement à M. Thiberville, qui l'exploite.

21. — Moulin de Coude

(Commune de Dammartin-sur-Tigeaux).

Ce moulin, situé sur la rive gauche de la rivière, à l'endroit où elle commence à être navigable, est très ancien; il formait dès le XIIe siècle une des nombreuses dépendances de l'abbaye de Faremoutiers (*Monasterium Faræ*), l'ancien Eboriac des temps mérovingiens; il est cité dans des lettres patentes de Louis VII de l'année 1144, par lesquelles ce prince confirme à l'abbaye de Faremoutiers tous les biens qu'elle possède dans les environs :

. . . .

« Le Poncet (moulin sur l'Aubetin);

« Dammartin avec ses moulins. »

. . . .

(Inventaire des titres de l'abbaye, H. 446. *Arch. dép.*) Le 3 des nones de janvier 1145, le pape Eugène III adresse une bulle à l'abbesse Ressinde et à ses religieuses, dans laquelle il confirme à leur abbaye toutes les possessions tant présentes que futures, provenant de la libéralité des Pontifes, des Rois, des Princes, des oblations des fidèles ou autres manières quelconques, voulant qu'elles appartiennent sans troubles à ladite abbaye.

La bulle dont il s'agit énumère les possessions de l'abbaye :

. . . .

« Pommeuse (*Ponte mucræ*) ;

« Le Poncet : ferme et moulin;

« Dammartin, avec les moulins en dépendant, Tresmes, etc. » (Inventaire des titres de l'abbaye, H. 446. *Arch. dép.*). Vers 1168, les revenus de l'abbaye étaient sans doute insuffisants pour faire face aux besoins des religieuses, car celles-ci s'adressent à leur abbesse Lucienne qui, touchée de compassion, leur abandonne pour les nourrir et les vêtir divers revenus et le « moulin de Dammartin avec partie de « deux autres moulins, Blanc et Montessou (?), pour faire la « toile et les chemises qui leur étaient nécessaires ». Du XIIIe siècle au milieu du XVIIIe, il a toujours existé deux moulins à Coude : l'un à blé appartenant au XIIIe siècle à Pierre Dollé, et l'autre à drap désigné sous le nom de Bécherel appartenant à l'abbaye.

En 1265, Pierre Dollé avait loué ce dernier par bail emphytéotique; il y fit exécuter d'importantes améliorations et les abandonna aux religieuses moyennant 30 l. t. payées comptant.

Peu de temps après, en 1266, il leur vendit même son moulin à blé moyennant 50 l. t., également payées comptant (H. 448. *Arch. dép.*).

L'abbaye loue ce dernier pour 60 ans; mais plus tard, dans le cours de l'année 1318, elle le rachète de divers particuliers, entre les mains desquels il était passé, entre autres 1/5 de Étienne de Montbarbin, moyennant 45 l. t.;

1/40 de Jacquin Bourjot, moyennant 6 l. t. 8 s. 6 d. de cens et un demi-minot de mouture au profit du curé de Dammartin, etc., etc. Aussitôt rentrée en possession dudit moulin à blé, l'abbaye le baille à vie le 31 décembre 1318 à Jean de Bretêche, associé avec sa femme et son fils, à charge de le « réparer et de payer au roi 12 s. t., qui sont dus sur les « deux moulins de Coude à cause de la voirie, et 2 boisseaux « de blé » (H. 448. *Arch. dép.*).

Le moulin à drap fut ensuite transformé en moulin à tan vers 1429 et, le 22 mars de la même année, l'abbaye les loue tous deux à Robin Panthony pour une durée de 40 ans. Un nouveau bail des deux moulins fut encore passé le 22 mars 1492. Le 25 juillet 1505 les religieuses en passent déclaration au terrier du Roi à Crécy pour la terre et seigneurie de Sainte-Agnès (Dammartin) et du moulin à blé de Bècherel, autrement dit Coude, avec le moulin à drap, joignant le premier avec toute justice sur lesdits moulins.

Les chanoines de la Chapelle-sur-Crécy possédaient des droits sur le moulin de Tresmes, appartenant à l'abbaye de Faremoutiers, et des contestations s'étant élevées entre les premiers et les religieuses de Faremoutiers au sujet de ces droits, ils transigèrent le 18 octobre 1519; les chanoines abandonnèrent aux religieuses le 1/5 des droits qu'ils possédaient sur le moulin de Tresmes, en échange de 4 septiers de blé froment de rente annuelle à prendre sur le moulin à blé de Coude. Ces contestations se renouvelèrent un siècle plus tard, car un nouvel accord intervint entre les parties, en l'année 1623. Les 4 septiers de blé étaient destinés à faire le gros du curé de Saint-Pierre à Saint-Martin-lez-Voulangis (H. 448. *Arch. dép.*).

En 1530, sur le rapport des officiers de l'abbaye, des réparations sont exécutées aux deux moulins, et le 18 mars 1532, les religieuses en passent bail pour 9 ans à Toussaint Bataille, à la condition qu'il mettra le moulin à *tan* en état de moudre le petit blé et de ne répondre qu'à la justice des dames de Faremoutiers : cette dernière transformation n'eut pas lieu (le 15 mai 1534, l'abbaye achète divers biens qu'elle réunit à ses moulins), car le 16 décembre 1538 les dames de Faremoutiers passent un nouveau bail des deux moulins à blé et à *drap* de Coude à Jean du Moutier.

Le 16 janvier 1571, nouveau bail des deux moulins au profit de Guillaume Doué, moyennant 30 l. t., à charge de convertir le moulin à drap en moulin à huile (*Alm. du diocèse de Meaux*, 1891, p. 100).

Près d'un siècle plus tard, des dissentiments éclatèrent entre l'abbaye et les fermiers qui refusaient d'exécuter les réparations auxquelles ils étaient tenus par leur bail du 12 août 1638, mais ils y furent contraints par une sentence du mois de septembre 1647, rendue contre eux par le maire garde de la justice de Sainte-Agnès et Coude (H. 448. *Arch. dép.*).

Ces faits se renouvelèrent en 1746, mais le deuxième moulin, tour à tour à drap, à tan et à huile, qui était toujours en mauvais état, finit par tomber en ruines et disparut vers 1750.

Le 14 janvier 1758, les religieuses passent bail pour 9 années du moulin à blé. Il n'est plus question du second moulin.

Le 13 janvier 1765, nouveau bail pour 9 ans dudit moulin.

Le 15 octobre 1785, Claude de Durfort, abbesse de Faremoutiers, fait déclaration et aveu, au duc de Crécy (le prince Louis-Jean-Marie de Bourbon) des terres et dépendances relevant dudit domaine :

1° La ferme de Sainte-Agnès;

2° Le moulin à blé de Coude, ci-devant nommé Bécherel, sur la rivière du Morin, paroisse de Dammartin, ayant droit d'écluses, vannages, rétention, cours d'eau et pêche, ainsi que ladite abbaye y a été maintenue contre le seigneur de Dammartin (M. Menjot d'Elbène), par arrêt de la table de marbre, du 27 juin 1749, etc. (H. 478. *Arch. dép.*).

Saisi et confisqué à la Révolution, il fut vendu au profit de la nation, le 24 janvier 1791, avec toutes ses dépendances, à

Jean Solenne, meunier, qui l'exploitait suivant bail du 19 mars 1786, moyennant 17 660 l. t. (Il était loué 1 700 l. t., plus 4 septiers de blé mesure de Faremoutiers, de fermage annuel) (41 J. 8 K. 4. *Arch. dép.*).

Les descendants de Jean Solenne ont continué à l'exploiter jusqu'à nos jours. A Jean Solenne succéda son fils Jacques, qui eut quelques difficultés avec l'administration et le public au sujet d'un pont avoisinant son moulin, qui se continuèrent jusqu'en 1860. A cette époque le meunier était M. Marnat.

Il appartient actuellement à M. Houbé Eugène, et ne fonctionne plus depuis quelque temps.

22. — **Moulin de Prémol**

(Commune de Guérard).

C'était l'un des cinq moulins banaux du domaine de Crécy; construit sur la rive gauche du cours d'eau, son existence est constatée dès 1221. A cette date, la reine Jehanne de France assigne sur ce moulin une rente en faveur du curé de Crèvecœur. Il est encore cité dans un compte du domaine de Crécy-en-Brie pour les années 1423-1424, dans lequel on lit qu'il n'est fait « aucune recette sur les moulins de Prémol et « de Rézy parce que, à l'occasion des guerres, ils ont été « rompus. La rente en grains sur la châtellenie de Crécy, pour « l'anniversaire du feu roi Charles VI et de la reine Jeanne « de Bourbon, est perçue en entier sur les moulins de « Villiers... » (*L'Agriculture dans la Brie*, par l'abbé A. Denis, p. 193).

La banalité de ce moulin s'exerçait sur la portion du hameau de Montbrieux comprise dans la seigneurie de Crécy, c'est-à-dire sur toutes les habitations situées au nord de la rue principale du hameau.

Ce moulin était chargé à raison de diverses donations consenties par la reine Jehanne et les seigneurs de Crécy, de diverses redevances, qui figurent dans un compte du domaine de Crécy pour les années 1573-1574, savoir :

	Muids.	Sept.	Bois.
1° Au curé de Crèvecœur (donation remontant à l'année 1221)	4	4	»
2° Au prieur de l'Ortie à Dammartin	2	»	»
3° A la Maladrerie de Chailly (près Coulommiers)	»	3	»
4° Aux héritiers feue Méline Lapostolle, veuve de Jacques Balard de Ramville.	»	16	»
5° Aux religieuses du Pont-aux-Dames . . .	»	6	2
Soit au total	8	5	2

En 1574, il était loué, pour 6 ans, à Charles Hochet, moyennant 9 muids 6 septiers de grains par an.

La rente due à la Maladrerie de Chailly fut payée à l'Hôtel-Dieu de Coulommiers, à partir de sa réunion à ce dernier établissement (22 août 1662) (*Essais Michelin*, t. IV, p. 1210).

Ces redevances ou rentes furent toujours payées jusqu'à la Révolution. Celle due au prieuré de l'Ortie fut perçue jusqu'en 1774, par les oratoriens de Juilly, dont le premier dépendait. A ce moment le prieuré ayant été réuni à la fabrique de Claye, celle-ci la perçut jusqu'en 1789 (E. 1645-1649. *Arch. dép.*).

Exploité tour à tour par Claude Despots et sa femme Anne Debled (1757), Michel Leverbe et sa femme Marguerite Perinot, Sébastien Desbœuf (de 1777 à 1791); il fut à la Révolution confisqué sur l'héritière du duc de Penthièvre et vendu comme bien national, le 14 brumaire an VII, à Jean-Simon Defiennes, de Paris, moyennant 13100 francs, pour le compte du locataire, Sébastien Desbœuf, et Marguerite Gaudin, son épouse.

En 1830, on installa à côté du moulin à blé un moulin à tan; il appartenait à M. Abit, mais il ne subsista pas longtemps.

Ce moulin à blé passa ensuite entre les mains de M. Mussault, puis d'un M. Baur, qui mourut peu de temps après. Sa veuve continua à l'exploiter; ce fut elle qui fit reconstruire le pont de bois, que la crue de septembre 1866 avait emporté. Mais les affaires de cette dame périclitèrent, le moulin fut vendu et devint la propriété du Dr Tapret, qui utilise la chute pour envoyer l'eau de la rivière à son château de Dammartin.

23. —Moulin de Genevray

(Commune de Guérard).

Ce moulin tire peut-être son nom du genévrier (Juniperus) qui croissait autrefois en abondance dans les terrains voisins.

Il existait avant la Révolution, ainsi qu'il résulte de l'énoncé des droits de la seigneurie de Dammartin appartenant (1775) à André-Jean Menjot, ancien auditeur à la Chambre des Comptes de Paris, contenant cette phrase : « Le droit de rivière et de pêche dans le Morin entre le « moulin de Coude et l'ancien moulin de Genevray... ».

En l'an IX (thermidor), Louis Bizier meunier, demeurant à Villemareuil, demande l'autorisation d'élever un moulin sur un terrain qu'il possède attenant à la rivière du Grand-Morin, au lieu dit : la Fontaine de Genevray, vis-à-vis l'île du même nom.

Le terrain dont il s'agit ne lui appartenait pas et, sans attendre l'autorisation qui lui était nécessaire, il fit élever des constructions, qu'un jugement l'obligea à démolir le 20 messidor an VI. Il céda ses droits à M. Menjot de Dammartin, l'un des précédents propriétaires (3. S. 73. *Arch. dép.*).

Il appartient aujourd'hui à madame veuve Perot, qui ne l'exploite pas. Il est d'ailleurs en chômage.

24. — Moulin de Bicheret

(Commune de Guérard).

Anciennement Bécherel, Bécherelle, Bécheret et aujourd'hui Bicheret.

L'existence de ce moulin remonte à une époque certainement antérieure au XVIe siècle. Il en est d'ailleurs fait mention dans un acte du 2 octobre 1480, par lequel Germaine Hesselin, veuve de Jean Bureau, seigneur de Guérard, cède à un sieur

Jean Lambert, cultivateur à Rouilly-le-Bas (paroisse de Guérard), à titre de chef, cens et rente annuelle et perpétuelle, divers biens situés sur la paroisse de Guérard, entre autres : « 6 arpents assis au terroir de Vallois, près d'un moulin à « papier, en la garenne de Bicheret... » (Inventaire des titres de la seigneurie de Guérard).

L'existence à cette époque d'une papeterie à Bicheret est certainement curieuse, ce devait être l'une des plus anciennes établies dans la vallée du Grand-Morin. Dans tous les cas ce « molin à papier » ne tarda pas à disparaître, car dès le 1er juin 1495, Isabelle Bureau, fille des époux Bureau-Hesselin, cède à Jacques Duménil, laboureur au Carrouge (acte Mercier, substitut à Guérard), à titre de surcens et rente, « une place pour faire établir un moulin, séant à « Bécherelle, sur la rivière de Morin, ou d'ancienneté, soulois « avoir moulin, séant au-dessous du pont de Guérard, avec les « îles, illettes et écluses, appartenant audit moulin, mouvant « en censive de ladite dame, moyennant diverses charges et « portant permission d'y faire bâtir un moulin à blé, ou « autre que bon lui semblera ».

En mai 1559, il est devenu moulin à drap; il figure dans un aveu rendu, le 12 de ce mois, par Louis de Mornay, seigneur de Guérard, au duc de Nevers, seigneur de Coulommiers; un siècle après, il est devenu moulin à huile et appartenait toujours au seigneur de Guérard; il figure dans un procès-verbal d'estimation de cette terre, de l'année 1679, sous la désignation suivante : « Le mollin de Bicheret sur la « rivière et près dudit lieu de Guérard... ; l'autre travée en « laquelle est ledit mollin à huile... ».

Transformé plus tard en moulin à blé, il passa au commencement du XIXe siècle dans les mains de la famille de Biencourt, originaire du Vimeux en Picardie, qui le vendit après 1870, au sieur Doit ; ce dernier l'exploita jusqu'en 1886. Détruit à cette date par un incendie attribué, dit-on, à la malveillance, ce n'est plus qu'une ruine montrant des pans de murs noircis par le feu d'un aspect sinistre.

La maison, qui a été mal restaurée, est habitée par la veuve Doit et sa famille.

25. — Moulin de Guérard.

Très ancien moulin à blé établi sur la rive gauche du cours d'eau, tout proche le village dont il porte le nom. Il était au XVIe siècle en censive du prieuré de la Celle, auquel il a

MOULIN DE GUÉRARD

appartenu jusqu'à l'année 1599. A cette époque il fut vendu par les délégués du roy et de l'évêché « pour satisfaire à la « taxe faite par MM. les cardinaux, pour l'exécution de la « bulle du pape, de la somme de 431 écus sols pour sa part « et portion de la somme de 500 000 écus qui devait être « employée aux frais de la guerre contre les hérétiques » (*Histoire de Guérard*, par A. Bazin). L'acquéreur fut le sieur de Fontenac, seigneur de Pontchartrain, qui le vendit le 20 mars 1600 à Robert de Harlay qui, lui, le revendit le 8 mai de la même année, à messire de Pardailhan, baron de Castelnau, seigneur de la Fortelle. Enfin Louis de Mornay, seigneur de Guérard, l'acquit de ce dernier le 22 juin 1602. A partir de ce moment, il resta jusqu'à la Révolution entre les mains des seigneurs de Guérard, dont le dernier fut messire Langlois, baron de Rouilly. Confisqué sur lui à la Révolution, ce moulin fut vendu comme bien national.

La famille de Biencourt, qui en devint possesseur au commencement du XIXe siècle, le conserva jusque vers 1870, puis il passa entre les mains de M. Abel Leblanc, le grand minotier de la vallée.

Aujourd'hui il appartient à M. Darlet, qui l'exploite. Il est muni de 3 paires de cylindres en acier et peut moudre de 21 à 22 000 hectolitres de blé par an.

26. — Moulin de Sainte-Anne
(Commune de la Celle-sur-Morin).

C'est actuellement un moulin à blé dont l'existence date de la fin du XVIIIe siècle.

Le 25 thermidor an IV, Grassin (Pierre), de Paris, acheta de la nation, avec quelques bâtiments, les derniers débris du monastère de la Celle, moyennant 22 970 liv. t., et, afin d'en tirer parti, demanda l'autorisation de construire 2 moulins : « un à farine, et l'autre à huile », au-dessous du pont dit du Couvent. Malgré l'opposition du citoyen Jean Odent, propriétaire du moulin de la Celle, cette autorisation lui fut accordée par arrêté de l'administration centrale de Seine-et-Marne du 2 fructidor an VI. Mais Odent ne se tint pas pour battu, et, faisant usage des relations qu'il avait auprès du gouvernement, obtint du Ministre de l'Intérieur que l'administration centrale de Seine-et-Marne prît, à la date du 23 fructidor an VI, un arrêté prescrivant à Grassin de surseoir à la construction de ses deux moulins, et fit procéder à une nouvelle instruction de sa demande.

Malgré cette intervention du Ministre en faveur de Odent, l'administration centrale de Seine-et-Marne prit, à la date du

8 floréal an VII, un nouvel arrêté autorisant le sieur Grassin à construire « un moulin à farine » au-dessous du pont du Couvent dans le terrain lui appartenant; toutefois il lui

MOULIN DE SAINTE-ANNE

imposait certaines conditions qui ne figuraient pas dans le premier arrêté.

Sur ces entrefaites, et la construction du moulin de Grassin terminée, le Morin subit une crue assez violente puisque les eaux montèrent à un pied seulement au-dessous des meules. Des réclamations se produisirent.

Les visites des lieux par les ingénieurs, nécessitées par l'instruction de ces affaires, se traduisirent par des honoraires en faveur de ces fonctionnaires, et le sous-préfet de Coulommiers fut invité à faire les diligences nécessaires pour faire effectuer le versement par Grassin, dans la caisse de l'État, de la somme qui lui était réclamée; mais ce fonctionnaire fit connaître que le moulin allait être vendu le 28 messidor an IX et qu'il fallait intervenir avant.

En frimaire an X, nouveaux débordements et nouvelles réclamations de la part de M. Odent, de plusieurs particuliers et du maire de la commune de la Celle, qui attribuent les dégâts causés par les eaux à l'établissement du moulin de Grassin. Ces réclamations furent rejetées par arrêté du conseil de Préfecture du 16 messidor an X, qui mettait en outre le sieur Grassin en demeure d'exécuter tous les travaux qui lui étaient imposés par l'arrêté du 8 floréal an VII.

Au cours de l'anné 1809, Grassin vend enfin son moulin à un sieur Delvincourt, mais comme il n'avait pas payé les frais dus aux ingénieurs, le 22 octobre 1811, le sous-préfet de Coulommiers informe le préfet que le moulin vendu par Grassin n'appartient pas à M. Delvincourt, mais bien à M. Audebert Mallet, banquier, en faillite, que M. Delvincourt, commis de cette banque, paraît n'avoir été que le prête-nom et qu'il y a lieu de prendre des mesures.

C'est vers cette époque sans doute que le sieur Bastide en devint propriétaire; on le voit d'ailleurs, en janvier 1816, se plaindre de ce que le sieur Odent aurait fait exécuter divers travaux aux ouvrages régulateurs de son moulin et qui empêchent le sien de tourner. Le sieur Ouy en devint à son tour propriétaire et, le 27 octobre 1819, le sous-préfet de Coulommiers écrit au préfet en insistant pour que la demande du sieur Ouy (François-Frédéric), tendant à construire une usine à papier, reçoive une solution à bref délai, en faisant remarquer que, par suite d'arrangement fait entre M. Odent (Xavier) et M. Ouy, cette papeterie doit être cédée à M. Odent[1]. Celui-ci en devint en effet propriétaire et, le

1. M. Jean Odent, père de M. Xavier Odent, intervint à son tour auprès de l'administration départementale pour hâter la solution. Il était vers cette époque (mai 1824) juge de paix du VIIe arrondissement de Paris et demeurait

22 février 1826, obtint, par ordonnance royale, l'autorisation d'ajouter un second tournant à son usine.

La famille Odent, qui s'était constituée en compagnie, continua la fabrication du papier à Sainte-Anne jusqu'en 1869. A cette époque l'usine fut mise en vente et acquise par le sieur Louis Théodore, qui y rétablit un moulin à blé.

M. Eugène Opoix en devint à son tour propriétaire en 1887. Il l'exploite encore aujourd'hui, concurremment avec celui de la Celle. Il est muni d'une paire de meules et d'une turbine et peut moudre annuellement 4 500 quintaux de blé.

27. — Moulin de la Celle-sur-Morin.

C'est un moulin à blé, bâti sur la rive gauche du Morin, au centre du village de la Celle-en-Bas. Son établissement remonte assez loin, peut-être à l'époque de la construction du monastère dont il était l'une des dépendances; dans tous les cas, il existait au XIVe siècle, ainsi qu'il est établi par une relation de la guerre avec les Anglo-Navarrais. Pendant la captivité du roi Jean le Bon, son fils, régent du royaume, avait appelé à son secours des troupes italiennes : une compagnie, conduite par le noble italien Nicolas-André Doria, vint s'installer dans le village de la Celle-sur-Morin et mit le moulin en état de défense. La paix revenue, les religieux rentrèrent en possession de leur moulin et continuèrent à l'affermer par baux pour y faire moudre du grain.

Plus tard, lorsqu'en l'année 1701 le pape Clément XI supprima le prieuré de Saint-Pierre-et-Saint-Paul, pour le réunir au séminaire des Missions Étrangères, il en suivit les vicissitudes.

Confisqué à la Révolution, comme les autres biens du monastère, il fut vendu le 14 thermidor an II, moyennant 54 200 l. t. à M. Renoult de Paris; mis en vente au Tribunal civil de la Seine les 11 mars et 17 juin 1809, il fut acquis par

rue du Roi-de-Sicile, n° 32. Il avait été membre du Conseil général de Seine-et-Marne.

M. Odent (Jean), qui le revendit, le 4 décembre 1813, à M. François (acte Cousin, notaire à Paris).

Le 3 janvier 1847, mis de nouveau en adjudication devant Me Franche, notaire à Faremoutiers, il fut acquis par M. Odent (Xavier), qui le revendit à son tour le 20 novembre 1864 à M. Opoix père, suivant acte Michot, notaire à Coulommiers. Il est actuellement exploité par le fils de M. Opoix.

Il est muni de 8 paires de cylindres et peut moudre annuellement environ 28 000 quintaux de blé.

28. — Moulin de Bertrand
(Commune de la Celle).

C'était autrefois un moulin à huile établi en amont de celui de la Celle; il a disparu depuis longtemps. Il appartenait au couvent de la Celle.

Son existence est déjà constatée en 1364-1380, sous Charles V. Il est aussi cité dans un terrier de la paroisse de Mouroux, où un sieur « Denis Charnoy, huillier au moullin « du Bertrand, paroisse de la Celle, déclare posséder au « faubourg de la porte de Provins à Coulommiers, paroisse « de Mouroux, une travée de haut logis et autres immeubles » (H. 469. *Arch. dép.*).

En 1565, le 14 décembre, le prieur de la Celle, Richer, prêtre, signe, comme seigneur de la Celle, un bail à loyer des moulins avec jardin et étables, îlots et chaussées du moulin Bertrand, etc. Ce bail a été dressé par le clerc substitut, juré du tabellion royal de Crécy, en la branche de la Celle pour le roi (Charles IX) et la reine mère, seigneur et dame dudit Crécy (*Prieuré de la Celle-en-Brie*, par Alfred Cramail, p. II).

En 1688, le moulin était loué à un nommé Laurent Liénard, huillier (H. 456. *Arch. dép.*). En 1787, il n'existait plus. Son emplacement était loué à la veuve de Louis de Lagarde, qui exploitait le moulin de Courtalin; le fils de cette dernière, Barthélemy-Louis de Lagarde, qui dirigea plus tard la papeterie des Marais à Jouy-sur-Morin, en fit la déclaration au terrier de la Celle le 1er février sous les termes suivants :

« 1° Le lieu et l'endroit iles et illots, bief et courant d'eau, « où était anciennement situé le moulin d'huile appelé le « Bertrand, situé sur la rivière de Morin, avec le droit « d'écluses et de pêche... » (G. 142. *Arch. dép.*).

Actuellement le promeneur ne saurait en reconnaître l'emplacement.

29. — Moulin de Courtalin
(Commune de Pommeuse).

Bâti dans l'île formée par la rivière au hameau de Courtalin, il existait déjà au XVe siècle et était chargé à cette époque de 6 l. t. de rente acquise par Sauvage, chanoine de Meaux, le 2 janvier 1481 (acte Dehodecq, notaire). Un peu avant sa mort, arrivée en 1502, Sauvage légua cette rente au chapitre de la Cathédrale de Meaux (acte Le Roy, notaire, du 29 septembre 1502). Au cours des siècles suivants, le paiement de cette rente donna lieu, à plusieurs reprises, à des contestations entre les propriétaires du moulin (les religieuses de Faremoutiers) et les bénéficiaires de la rente; mais les religieuses furent toujours condamnées au paiement de ladite rente qui était imposée sur les deux moulins de Courtalin et de la Venderie, ce dernier situé sur l'Aubetin (G. 43. *Arch. dép.*).

Détruit au cours du XVIIe siècle, la rente était constituée sur la place du moulin (bail du 25 janvier 1629). Il en était encore de même en décembre 1673. Reconstruit au XVIIIe siècle, comme moulin à huile, il fut exploité par la famille Vignier pendant plus d'un demi-siècle; mais il faut croire que la fabrication de l'huile n'enrichissait pas, car c'est à partir de 1750 que bon nombre de ces établissements disparurent dans la vallée. Il en fut de même pour celui de Courtalin, car le 26 février 1767 les religieuses de Faremoutiers passent bail à surcens « du moulin à papier » moyennant 60 l. t. de rente aux sieurs Réveillon et de Lagarde, qu'elles avaient autorisés quelque temps auparavant à y établir.

En 1777, de Lagarde mourut; Réveillon se retira de l'association et laissa la veuve de Lagarde et ses fils continuer à exploiter la papeterie jusqu'en 1792.

Au cours de ladite année 1777, des incidents graves se produisirent à Courtalin. Des ouvriers, excités par un ex-contremaître, Pierre Rosse, qui avait été congédié, tentèrent de détruire l'usine. Pierre Rosse voulait fonder un établissement analogue à la Motte près Verberie (Oise), et chercha à entraîner des ouvriers papetiers de Courtalin avec lui; une émeute éclata et l'autorité dut recourir à des mesures de rigueur pour rétablir l'ordre à l'usine.

Les mutins, Pierre Rosse en tête, furent condamnés à des amendes importantes et il fut interdit à ce dernier d'ouvrir une papeterie. L'exécution du règlement du 27 janvier 1739 fut en outre ordonnée (Extrait du Reg. du Conseil d'État. Signé : Amelot).

En 1792, la papeterie de Courtalin passe entre les mains de M. Odent.

En 1793, la papeterie de Courtalin fut, avec celle de Jouy-sur-Morin, réquisitionnée pour la fabrication des assignats par un décret de la Convention du 23 nivôse an II, dont nous donnons plus loin le texte.

Vers la fin du XVIIIe siècle, cet établissement jouissait d'une grande célébrité. M. Odent, aidé de ses fils, y introduisit des perfectionnements importants et les produits qu'ils obtinrent valurent à Courtalin le titre de : « Manufacture royale »; plusieurs récompenses furent accordées à M. Odent.

Mais cette usine qui avait eu son heure de célébrité commença à décliner vers 1830, la famille Odent qui tenait à jouer un grand rôle dans l'arrondissement de Coulommiers chercha dans des associations peu sérieuses à étendre ses affaires. C'est ainsi qu'à cette époque M. Odent et ses fils s'associèrent avec M. Achet et MM. Sanfortd et Verrail, ingénieurs-mécaniciens, pour faire le nettoyage des déchets de coton et leur emploi dans la papeterie, mais après divers insuccès, M. Achet tomba en faillite et M. Gauthier, commissaire-priseur à Coulommiers, procéda le 4 octobre 1840 à la vente du matériel appartenant à l'ancienne association. A partir de ce moment, la situation de cette usine périclita; quelques-uns des membres de la famille Odent se mêlèrent

USINE DE COURTALIN

à la politique en 1848 et délaissèrent quelque peu sans doute les affaires; mais, malgré les tentatives qu'ils firent ensuite pour relever le prestige de leur établissement, ils ne purent y parvenir; celui-ci alla en déclinant jusqu'à la veille de la guerre de 1870; à ce moment, la famille Odent cessa complètement la fabrication du papier. Le matériel fut vendu en 1871. L'usine fut alors acquise par MM. Desclercs et Favier, qui y installèrent une fonderie de cuivre, avec laminoirs et tréfilerie. On y fabrique des métaux en planche. La force y est donnée par une turbine hydraulique et une machine à vapeur de la force de 100 chevaux.

30. — Moulin de Tresmes

(Commune de Pommeuse).

Ce moulin, situé sur la rive droite du Grand-Morin, a toujours fait partie, de son origine à la Révolution, des dépendances de l'abbaye de Faremoutiers. Celle-ci y avait attribué le droit de banalité sur une partie de la paroisse de Pommeuse. Son existence est très ancienne. Dans tous les cas, elle est antérieure au XIIe siècle, car en l'année 1144 le roi Louis VII, confirmant les possessions de l'abbaye de Faremoutiers, mentionne dans ses lettres le hameau de « Tresmes avec le moulin de ce nom » ; de plus le 3 des nones de janvier de l'année suivante, le pape Eugène III confirme à nouveau l'abbaye dans la possession du moulin de Tresmes, avec le pressoir. Il en est de même dans une autre bulle du pape Alexandre III de l'année 1162 (H. 446-448. *Arch. dép.*).

Il résulte d'un document du 23 octobre 1497 que l'abbaye de Faremoutiers était, du fait des guerres, en ruine depuis déjà bon nombre d'années. Ses bâtiments s'écroulaient et ses revenus, réduits presque à rien, ne permettaient pas de les restaurer. Cependant, les mauvais jours passés et le calme revenu dans nos campagnes, l'abbesse Jeanne Chrétien se mit résolument à l'œuvre, pour y porter remède, et par une sage administration elle y parvint assez rapidement; elle commença par réparer tous les bâtiments au moyen de ses ressources personnelles, elle acquit ensuite divers biens, racheta le moulin de Tresmes qui était également tombé en ruines ainsi qu'en témoigne le compte du temporel de l'évêché de Meaux des années 1425-1426, où il est dit, art. 135 : « Des cens d'un moulin soubz Faremoutiers le « jour St-Rémy six deniers par an. Néant pour ce qu'on ne « peut trouver qui les doibt » (Inventaire des titres de l'abbaye de Faremoutiers). Ses successeurs continuèrent son œuvre, en négociant le rachat de divers droits dont était grevé ledit moulin. C'est ainsi que les chanoines de la Chapelle-sur-Crécy, qui possédaient une rente sur ce moulin, en firent, le 13 mars 1522, l'abandon à l'abbaye moyennant 4 septiers de froment, à prendre sur le moulin de Coude.

Le moulin de Tresmes était en outre chargé envers le seigneur de Pommeuse, d'une rente de 15 sols et du 15e boisseau sur la mouture qui s'y faisait « comme subject « et redevable du fief de Montaudier, situé sur Pommeuse et « appelé autrefois Torchu, puis Bureau » et mouvant lui-même de la seigneurie de Pommeuse au cours du XVIe siècle; les religieuses de Faremoutiers contestèrent ce droit audit seigneur, en arguant que leur abbaye devait en être exemptée, à raison de l'ancienneté de son établissement, et dont les biens étaient francs de toute servitude.

Le seigneur persista dans sa réclamation, qui était d'ailleurs fondée, ainsi qu'on va le voir; un procès s'engagea et fut porté devant « les gens tenant les requêtes du Palais à Paris » (les conseillers du roi), par Louis Picot père, chevalier; à la mort de celui-ci, son fils poursuivit sa revendication. Enfin après de nombreux et longs débats, le conseil du roi rendit, le 25 mars 1547, une sentence, qui donna gain de cause au seigneur de Pommeuse. Les religieuses firent appel de cette sentence, qui fut confirmée par arrêt du parlement du 15 janvier 1548.

Malgré cette sentence, les religieuses ne voulurent pas abandonner leurs prétentions; elles tentèrent par d'autres moyens de se soustraire au paiement de la redevance, et ce ne fut qu'après avoir reconnu l'inutilité de leurs efforts et du peu de solidité de leur cause, qu'elles revinrent à de meilleurs sentiments. Les deux adversaires, las de plaider, finirent par où ils auraient dû commencer. Ils transigèrent et, par un accord du 11 septembre 1549, ils mirent fin au procès qui durait depuis de longues années.

Par cet accord, le seigneur de Pommeuse abandonnait ses droits sur le moulin de Tresmes, c'est-à-dire les 16 sols ts de cens annuel et le 15e boisseau de mouture. En échange, l'abbaye cédait audit seigneur une pièce de pré d'une contenance de 4 arpents, située au lieu dit : la Cormorandine, tenant d'une part à la rivière de Morin, d'autre au chemin conduisant de Pommeuse à Coulommiers, d'autre sur les prés de l'Église et d'autre sur le fossé d'Estalles, mouvant en censive de ladite abbaye, à cause de sa mairie de « Morou », à raison de 4 deniers tournois de cens pour chacun arpent, que ledit seigneur ou ses hoirs seront tenus de payer aux reli gieuses à la St-Remy d'octobre, à la voirie de Pommeuse, ledit cens portant lods et ventes, deffauts, saisines et amendes quand le cas y échet, etc. (*Arch. dép.*, E. 665).

Devenues entièrement propriétaires du moulin de Tresmes, les religieuses de Faremoutiers le louèrent le 4 août 1564 à Etienne de Chelles, charpéntier (H. 484. *Arch. dép.*). Elles renouvelèrent par la suite ce bail, pour diverses périodes, de 6 ou 9 années. On trouve des traces de ces renouvellements de bail : en 1639, en 1663, 1672, 1688, etc., etc. Dans ce dernier bail de 1688, le meunier était un nommé Claude Lemoine, qui était précédemment meunier au Poncet sur l'Aubetin (H. 456. *Arch. dép.*).

Dans tous ces baux le moulin de Tresmes est qualifié de « moulin à blé banal », ainsi qu'il est reconnu d'ailleurs par une sentence rendue contradictoirement par le Châtelet au profit de l'abbaye, contre Pierre Lemoine, demeurant au Charnoy-en-Brie, en date du 9 janvier 1603 (Inventaire des titres de l'abbaye de Faremoutiers, p. 1463. H. 448. *Arch. dép.*).

L'exercice de ce droit de banalité soulevait, comme partout ailleurs du reste, de vives contestations entre le meunier et les banniers. Elles furent très fréquentes pendant les XVIIe et XVIIIe siècles. On trouve trace de ces conflits, notamment en 1690 et 1740. Un grand nombre de particuliers des environs de Pommeuse furent traduits devant le bailli de Faremoutiers pour être « allé faire moudre leur blé ailleurs qu'au moulin de Tresmes ». Ils furent condamnés à de fortes amendes, avec défense formelle d'aller faire moudre leur grain ailleurs qu'au moulin de Tresmes (Inventaire des titres de l'abbaye de Faremontiers, p. 1465. H. 448. *Arch. dép.*).

Malgré ces sévères condamnations et ces menaces, les

particuliers essayaient, par tous les moyens, de se soustraire à cette obligation et il faut avouer qu'ils y parvenaient assez souvent; de sorte que les revenus des meuniers diminuaient de plus en plus.

Les prix de location s'en ressentaient et finissaient par ne plus être assez élevés pour faire face aux charges du moulin. C'est alors que les religieuses cherchèrent à s'en débarrasser en le cédant, le 21 mai 1785, par bail emphytéotique d'une durée de 99 ans (acte De la Tasse, notaire à Faremoutiers), à dame Marguerite Jeanne Prouzet, veuve de Etienne de Lagarde, marchand mercier à Paris; dans ce bail, le moulin est désigné comme il suit : « Le moulin à blé banal de « Tresmes, contenant 10 travées de logis, couvert en tuiles, « avec tous les ustensiles, l'isle, la pièce de pré dit de la « Leschère, de 2 arpents 50 perches, plus 5 quartiers de pré « au lieu dit la Planche de Pommeuse, tenant à la rivière de « l'Obtin... moyennant les charges ordinaires et suivantes : « moudre gratuitement la moitié de tous les grains con- « sommés à l'abbaye, jusqu'à concurrence de 2 500 boisseaux « par an, mesure de Faremoutiers, d'en rendre le son, et de « venir prendre et reconduire à leur domicile lesdits grains; « ladite dame de Lagarde pourra faire la chasse et la queste « de toutes sortes de grains, dans toute l'étendue de la sei- « gneurie, en percevant le 16e pour droits de mouture, ainsi « qu'il est d'usage.

« De conserver les droits de banalité et autres.

« Ladite dame de Lagarde aura la faculté, pendant le « cours de son bail, de prendre l'eau nécessaire pour l'exploi- « tation de la manufacture de papier de Courtalin, en con- « servant néanmoins l'eau qui sera nécessaire pour moudre « toute l'année la même quantité de blé qu'il en peut moudre « actuellement.

« En outre moyennant 800 liv. t. en argent, 400 bois- « seaux de blé en nature de froment, et 4 rames de papier à « lettres, 4 autres rames de papier à pot, par an, payables « de 6 en 6 mois. » (H. 484. *Arch. dép.*).

A cette date les grains étaient évalués à raison de 40 sols le boisseau et le prix des huit rames de papier fixé à 30 liv. t. Le meunier sortant était Thibault Castal, marié à Louise Cuissot. Le loyer du moulin était de 430 liv. t. en argent, 400 boisseaux de blé. Une particularité curieuse mentionnée dans son bail fait connaître qu'il y avait eu dissimulation du prix en argent, qui était réellement de 480 liv. t. On voit que déjà à cette époque, on cherchait à tromper le fisc. En outre de ces conditions, il devait encore planter 200 plançons de saule et 100 de peuplier le long des bords de la rivière dans les dépendances du moulin, et fournir à titre de faisance annuelle 6 paires de canards.

Confisqué avec ses dépendances au début de la Révolution, il fut acquis, le 24 décembre 1792, par Barthélemy Louis de Lagarde, fils et héritier de Etienne de Lagarde, moyennant un prix entièrement soldé, suivant déclaration de M. Margerie, directeur des Domaines à Melun, du 19 mars 1815.

Il passa ensuite entre les mains de la famille Odent, fabricant de papier à Courtalin, qui le posséda jusque vers 1870.

Aujourd'hui c'est encore un moulin à blé, appartenant à M. François; la chute actionne 3 paires de cylindres de 40 centimètres de diamètre, qui peuvent moudre annuellement environ 25 000 hectolitres de blé.

31. — Moulin de Pommeuse.

Bâti sur la rive droite de la rivière Mucre (alias le Grand-Morin), son existence nous est révélée dès la fin du XIVe siècle par un aveu, rendu le 14 juin 1400 par le duc d'Orléans qui avoue tenir en plein fief, de l'abbaye de Faremoutiers, 25 l. t. de rente sur partie de la rivière de Morin « à l'endroit du moulin de Pommeuse »; un autre aveu de Bernard dit Jean Ricaille, écuyer, rendu à la même date, cite encore le moulin de Pommeuse (Inventaire de l'abbaye de Faremoutiers, p. 1365). C'était alors un moulin à blé qu'on désignait quelquefois, vers le XVIe siècle, sous le nom de moulin

Jacob, sans doute du nom d'un des fermiers qui l'avaient exploité précédemment.

Aliéné par les héritiers du duc d'Orléans, il fit partie de la seigneurie de Pommeuse et appartint, pendant la seconde moitié du XVe siècle, aux Picot de Dampierre; vers 1600, Etienne Puget, trésorier de l'Épargne, acquit la seigneurie de Pommeuse avec partie du moulin, au Châtelet de Paris, de demoiselle Reyne de Vigny, épouse de Jean Boschard, conseiller, président aux enquêtes, qui l'avait eu en dot suivant son contrat de mariage du 14 février 1589.

Par un autre acte du 12 septembre 1601 passé devant Picard, notaire, Puget rachète de Loys Petit dit Gonthier 6 parties, les 7 formant le tout, tant des moulins à blé et à huile de Pommeuse que des terres et prés en dépendant.

Etienne Puget rend hommage le 12 juin 1603 à Catherine de Gonzague, duchesse de Longueville et dame de Coulommiers, des biens qu'il possède : « les moulins à eau de « Pommeuse, tant à blé, foulon, à drap qu'à huile, avec « celui de Coubertin... » (Titres appartenant à M. Th. Lhuillier). L'aveu et dénombrement produit à cette occasion par Etienne Puget fait connaître que le meunier d'alors était un nommé Jean Patou, qui avait exercé les fonctions de lieutenant de la prévôté de Pommeuse.

Les fils de Etienne Puget : Pierre et Henry, conservèrent le moulin jusqu'au 24 novembre 1651. A cette date ils le vendirent avec la seigneurie de Pommeuse à Olivier Broé, seigneur d'Agaury. Ce dernier céda, le 30 juillet 1667, ladite seigneurie de Pommeuse avec toutes ses dépendances au marquis de Besmaux, gouverneur de la Bastille, qui possédait la terre voisine de Guérard.

Elle passa ensuite à sa petite-fille Geneviève de Montlezun, mariée à Paul-Hippolyte de Beauvilliers, duc de Saint-Aignan, membre de l'Académie française ; ces derniers la cédèrent peu après à messire Philippe Langlois, grand audiencier de France. Son neveu, Auguste Langlois, conseiller en la

21

grand'chambre du Parlement, la recueillit dans la succession de son oncle.

Confisqué à la Révolution et vendu comme bien national, le moulin de Pommeuse devint la propriété du général Huerne; dans ces dernières années, il appartenait à M. Delaplace, maire de Pommeuse et conseiller d'arrondissement, qui l'exploita jusqu'à sa mort.

Un de ses fils continue à l'exploiter; il y a fait exécuter des améliorations importantes. C'est aujourd'hui un établissement de premier ordre, doté des derniers perfectionnements apportés à la mouture des grains.

Une turbine installée dans la rivière fait mouvoir 5 paires de cylindres, qui peuvent moudre annuellement environ 25 000 hectolitres de blé.

32. — Moulin de Mouroux.

Ce moulin, situé sur la rive droite de la rivière, est très ancien. Il existait déjà à la fin du XIIIe siècle, et ce qui tend à confirmer cette assertion c'est qu'en mars 1292 l'abbaye de Faremoutiers passe bail du moulin de Triangle, d'une maison, l'ouche, l'eau et deux îles qui en dépendent, avec faculté de construire un autre moulin. Or ce dernier ne pouvait être établi que dans les dépendances de ladite abbaye, ce ne pouvait donc être celui de Coubertin qui n'a jamais appartenu à celle-ci, ni celui de la Grand'Roue qui est situé sur le ru de la Gigardelle, et bâti postérieurement à celui de Mouroux.

Dans tous les cas, le moulin qui nous occupe existait au XVe siècle, car le 27 mars 1498 Fiacre Le Meignen passe bail à Jean Petit, d'un « moulin à blé, 2 îles, une chenevière, sis « à Morou », à charge de payer aux religieuses de Faremoutiers 3 muids de blé, mesure de Coulommiers, à prendre audit moulin (H. 448. *Arch. dép.*).

Pour réparer les ruines amoncelées par les Anglais, les religieuses de Faremoutiers aliénèrent tout au moins en partie ledit moulin. Plus tard, le calme et la prospérité revenus, elles font tous leurs efforts pour rentrer en possession de ces biens.

Le 8 août 1528, elles rachètent la dixième partie de « deux

USINE DE MOUROUX

« moulins, l'un à blé, près de Mouroux, sur la rivière de « Morin, l'autre à drap ».

Le premier était certainement celui qui nous occupe, et le deuxième pouvait avoir été accolé au premier, mais rien ne permet de l'affirmer.

Enfin Henri d'Orléans, duc de Longueville, s'en rendit acquéreur des héritiers de Jean Lefort et de l'abbaye de Faremoutiers suivant contrats des 5 juillet 1648 et 19 novembre 1650, à charge de payer 12 boisseaux de blé au commandeur de l'Hôpital, 12 autres boisseaux à l'abbaye, 15 sols de rente au curé de Mouroux et 10 sols de cens au seigneur de Montanglaust, dans la censive duquel se trouvait ledit moulin, et auquel M. de Longueville en fit la déclaration le 28 novembre 1661.

Environ 20 ans plus tard, une discussion s'éleva entre les religieuses de Faremoutiers et le meunier d'alors, qui prétendait les astreindre à la banalité de son moulin. Un procès s'ensuivit, des mémoires volumineux furent produits de part et d'autre, et une sentence du 28 mai 1685 débouta le meunier de ses prétentions (H. 448. *Arch. dép.*).

Ce succès enhardit les religieuses, qui vers 1727 revendiquèrent à leur tour les droits de banalité en faveur de leurs moulins de Mouroux. Mais les habitants des environs qui avaient fini par s'affranchir de cette servitude, résistèrent opiniâtrément à cette prétention, et malgré les arguments invoqués par les religieuses, gagnèrent leur cause, en prouvant qu'ils avaient acquis la prescription quarantenaire « faute par l'abbaye d'avoir fait quester pendant le temps prescrit » (H. 448. *Arch. dép.*).

Cependant cette servitude fut rétablie, ou tout au moins figure plus tard dans les baux du moulin. On voit en effet que, le 22 décembre 1719, l'homme d'affaires du duc de Longueville et de sa femme, Jacqueline de Bourbon, afferme leur domaine de Coulommiers, à Charles Lejeune et à sa femme Marie de Maisonneuve, comprenant, entre autres biens, le moulin de Mouroux, sous diverses charges et conditions énoncées au bail, savoir : « Au moulin de Mourou appar- « tiendra la queste du village de Mourou, Bois-Guyot, « Aisances, Mitheuil, Bois-la-Ville, Boussois, Montmartin, « Gillemoutiers, Francheville, Corbeville et des autres lieux « dans l'étendue des paroisses de Mourou et Gillemoutiers » (H. 1777. *Arch. dép.*); et, encore « appartiendra audit moulin « de Mourou, la queste dans toutes les paroisses de Saints, « en ce qui est de la justice de Coulommiers, à l'exception

« de Limosin et des Bordes, qui appartiendra au moulin de « Pontmolin ».

Confisqué à la Révolution et vendu comme bien national, il continua à moudre du blé. En 1811, il était muni de 2 roues et marchait à la parisienne. Sa production pouvait atteindre 20 quintaux de farine par jour.

Il devint ensuite la propriété de M. Abel Leblanc, qui transforma son outillage suivant les méthodes nouvelles. Son fils le vendit, il y a une quinzaine d'années, à la société des Établissements Perrin pour la fabrication des couverts. En outre de la chute, cette société a fait installer une machine à vapeur de 40 chevaux.

33-35. — Moulins de Coubertin et de Carré
(Commune de Mouroux).

Le moulin de Coubertin, bâti dans une île formée par le Morin, a sa retenue commune avec celle du moulin Neuf. Il a dépendu pendant longtemps du fief de Coubertin, relevant et mouvant de la seigneurie de Pommeuse, à laquelle il fut ensuite réuni.

En 1535, Louis de Bully se qualifie seigneur de Coubertin. En 1602 (9 janvier), il est fait mention d'un contrat de remise d'un moulin à blé audit Coubertin « qui de tout temps a esté « du domaine des seigneurs de Pommeuse et lequel aurait été « baillé à rente foncière et par le présent acte est abandonné « pour ladite rente audit seigneur de Pommeuse par le « détenteur » (Inventaire des titres de la seigneurie de Pommeuse du 12 septembre 1701).

En 1603 (12 juin), Étienne Puget, trésorier de l'Épargne pour lors seigneur de Pommeuse, en fit l'aveu à la duchesse de Longueville, sous la désignation suivante : « Le moulin « à eau de Coubertin, qui est fief baillé à cens et rente long-« temps y a, à la charge de 4 deniers tournois de cens et ung « muid de blé froment, avec 29 liv. t. 10 s. t. de rente par « an; lequel moulin de Coubertin, les détempteurs ont

« déguerpy, à faute de pouvoir paier et continuer ladite « rente ».

Ce moulin passa successivement entre les mains des divers propriétaires de la seigneurie de Pommeuse. Enfin, en 1667, le marquis de Besmaux, gouverneur de la Bastille, en devint possesseur en même temps que de la terre de Pommeuse. A sa mort, sa petite-fille, Marie-Geneviève de Montlezun de Besmaux, qui épousa Paul de Beauvilliers, duc de Saint-Aignan, membre de l'Académie française, recueillit sa succession. Mais elle ne le conserva pas longtemps et le vendit, y compris le moulin de Coubertin, à Phillipe Langlois, grand audiencier de France, seigneur et baron de Rouilly à Guérard. A la mort de Langlois, son neveu Langlois Auguste, conseiller en la grand'chambre du Parlement, en devint possesseur et le conserva jusqu'à la Révolution.

Confisqué à cette époque, il fut vendu en 1792 comme bien national.

Le meunier Solesne, en fut déclaré locataire emphytéotique par acte du 17 ventôse an X.

Vers la fin du XVIIIe siècle, il existait à Coubertin 3 moulins établis sur la même retenue. Il y en avait 2 à droite sur le petit bras de la rivière accolés l'un à l'autre, leurs roues motrices n'étaient séparées que par une vanne de décharge commune, un même coursier servait à tous les deux.

Le premier était à blé, le deuxième était à la fois à blé et à huile alternativement; l'un d'eux s'appelait le Moulin Neuf.

Le grand bras était barré par un déversoir, à l'extrémité gauche duquel existaient trois vannes de décharge et les ruines d'un ancien moulin, appelé autrefois le moulin Carré.

Au mois d'août 1807, le meunier Solesne obtint de l'administration préfectorale l'autorisation de rebâtir le moulin Carré, pour en faire une chamoiserie, et fit exécuter les travaux nécessaires. Tout alla bien jusqu'en 1846, où des contestations surgirent entre lui et Loyseau, propriétaire du moulin de Mouroux, qui l'accusait d'avoir, de 1833 à 1835, fait exhausser le déversoir et abaisser son coursier; l'enquête à laquelle il fut procédé démontra la fausseté des allégations de Loyseau.

De la Révolution à nos jours, les propriétaires successifs de ces *trois* moulins furent : en 1801 (20 décembre), les frères Huerne de Pommeuse; le 28 avril 1832, M. Gougenot

USINE DE COUBERTIN

des Mousseaux; le 24 octobre 1858, la marquise de Saint-Phalle (par contrat de mariage); le 12 juin 1865, le grand minotier de la Vallée du Grand-Morin, M. Abel Leblanc, puis son fils; enfin M. Pérille, industriel parisien, s'en rendit acquéreur il y a une vingtaine d'années. Il transforma les *trois* moulins en une manufacture d'acier poli et de produits nickelés.

34. — Moulin Neuf.

D'après Michelin (*Essais*, t. IV, p. 1276), ce moulin aurait été établi postérieurement au moulin Trochard, situé immédiatement en amont. Cependant il existait dès 1530; un siècle plus tard, vers 1640, il fut emporté par les grandes eaux. Reconstruit, il donna son nom au seul chemin qui le mettait en communication avec Coulommiers et Mouroux, ce chemin passait au-dessous des vignes de Mitheuil et s'est appelé depuis : Rue du Moulin-Neuf.

Tombé de nouveau en ruines, il fut rétabli au XVIIIe siècle; c'était un moulin à blé, qui fonctionna jusqu'au moment où il devint la propriété de M. Pérille (Jacques), manufacturier, qui le transforma avec celui de Coubertin en fabrique d'acier poli.

36. — Moulin de Triangle
(Commune de Coulommiers).

C'est un moulin très ancien, bâti sur la rive droite de la rivière, en face de celui de Trochard. Son existence est déjà constatée dès le mois de mars 1292, dans un bail à cens, consenti par les religieuses de Faremoutiers à Symon Foullon et à sa femme, moyennant 60 sols de cens par an, avec la maison, l'ouche et l'eau, avec deux îles en dépendant (H. 448. *Arch. dép.*).

Pendant le cours du XVe siècle, il tomba en ruines, mais quand le calme fut revenu dans la Brie, qu'avait ravagée l'Anglais, l'abbaye de Faremoutiers l'aliéna, à charge par l'acquéreur de construire un moulin à blé, et encore moyennant le paiement d'une faible redevance.

A la fin du XVe siècle, le détenteur était Fiacre Le Meignen, qui en passa bail à rente, le 27 mars 1498, à Jehan Petit, avec deux îles et une chenevière, moyennant 3 muids de blé de mouture à prendre audit moulin, et à payer aux religieuses. Par suite de donation, il devint la propriété des Templiers et fit partie des domaines de la Commanderie de Maisonneuve-Coulommiers, dont les biens passèrent aux chevaliers de Saint-Jean de Jérusalem. Ceux-ci le conservèrent jusqu'à la Révolution.

Le 20 avril 1785, frère François-Marie-Thérèse de Géraldin,

chevalier profès de l'ordre de Saint-Jean de Jérusalem, passa bail de ce moulin, pour 9 années, devant Maulnoir, notaire à Coulommiers, à Louis Darsonville, meunier à Charly, et à sa femme Marie-Elisabeth Lefort, à commencer du 1er mai 1785, moyennant diverses charges et 750 livres par an, payables par trimestre. Le preneur était en outre tenu de curer à ses frais la rivière au-dessous du moulin et de maintenir les berges au moyen de pieux que devait lui fournir le bailleur. Il devait encore construire divers petits bâtiments. Confisqué à la Révolution, il fut vendu comme bien national, le 18 brumaire an IV, à Jean-Martin Clausse, de Paris, moyennant 16 443 liv. t. 9 s. 6 d. (n° 56, Z, 8. *Arch. dép.*).

Il passa ensuite entre les mains de la famille Liénard, dont l'un de ses membres l'exploite encore aujourd'hui.

37. — Moulin Trochard
(Commune de Mouroux).

Ce moulin, situé sur la rive gauche du Morin, est de construction relativement récente; il fut en effet bâti au commencement du XVe siècle par Jean Trochard, notable de Coulommiers, qui est cité avec cette qualité dans un acte du 23 octobre 1411. C'était alors un moulin à huile, dont la retenue était commune avec le moulin de Triangle, situé en face sur l'autre rive. Il devint ensuite propriété de la Commanderie de Maisonneuve-Coulommiers, dont l'un des préceptors en passe bail le 6 juin 1494 à Guillaume Lefèvre dit Samson, moyennant diverses redevances, entre autres 18 septiers de blé froment payables à la Commanderie (Mémoire du duc de Luynes, contre la Commanderie de l'Hôpital de 1708 à 1721). Il fut acquis le 2 mai 1667 par Anne-Geneviève de Bourbon, veuve de Henri d'Orléans, deuxième du nom, duc de Longueville, tutrice de l'abbé d'Orléans et du comte de Saint-Pol, ses enfants mineurs, de Martin Pellé et sa femme, par contrat passé devant les notaires de Paris à charge de cens, envers la Commanderie de l'Hôpital, tel qu'il pouvait être dû : 18 septiers de blé froment, deux chapons, et en outre la somme de 800 livres à payer aux vendeurs.

Dans le procès qu'il eut avec le duc de Luynes, de 1718 à 1721, le commandeur de Commenges prétendait qu'il existait dans la seigneurie de Coulommiers, 8 moulins relevant de sa commanderie et chargés envers celle-ci de redevances, parmi lesquels étaient 2 moulins Trochard, dont l'un ayant été démoli devait être réédifié aux frais du seigneur de Coulommiers, en cas de désistement de sa part. Nous ignorons l'issue de ce procès ; cependant il semble résulter de documents qui nous ont été communiqués, qu'un jugement du 31 décembre 1721, rendu en la seconde chambre des arrêts du Palais, aurait donné raison au commandeur de l'Hôpital, à la réserve toutefois du moulin de Trochard.

Le moulin qui subsistait fut converti en moulin à blé en 1776.

Nous connaissons les noms de quelques-uns des meuniers qui l'exploitèrent. En 1742, c'est Estienne Noyau et sa femme Simone Chéron qui possédaient des biens dans la paroisse de Boissy-le-Châtel (E. 701. *Arch. dép.*). Vers 1750, c'est Louis Loriot, huilier, possesseur de biens sur Faremoutiers ; le 3 février 1781, c'est Jean-Baptiste Pottier, meunier, demeurant au moulin de Trochard, qui passe déclaration de biens au terrier de la Celle-en-Brie (G. 142. *Arch. dép.*). Dans un bail du domaine de Coulommiers, en date du 2 décembre 1719, consenti en faveur de Charles Lejeune et sa femme, Marie de Maisonneuve, il est mentionné comme « à usage d'huile et draps » (E. 1777. *Arch. dép.*).

Jusqu'à la Révolution, le moulin Trochard fit partie de la seigneurie de Coulommiers. Confisqué en 1792 sur son propriétaire qui avait émigré, il fut vendu comme bien national.

Au cours du XIXe siècle, il fut transformé en moulin à tan à cloche et passa successivement entre les mains des familles Bertrand et Prouharam.

Actuellement c'est encore un moulin à tan servant également de tannerie, exploité par M. Lucien Clavé qui y a installé une turbine.

38. — Moulin des Prés
(Commune de Coulommiers).

Il a existé plusieurs moulins en cet endroit : un à blé et deux autres à tan.

D'après Cordier, de Coulommiers, le moulin à blé aurait

MOULIN DES PRÉS

été établi en l'année 1275, par Jacques de Patras, habitant de Coulommiers, qui le donna quelque temps après, à rente, à Symon Foullon, mais celui-ci étant décédé, Pierre de Patras, fils de Jacques, le reprit, et vers 1334 il en légua la moitié aux pauvres de l'Hôtel-Dieu de Coulommiers et affecta l'autre moitié pour sûreté d'une rente de un septier de blé, qu'il avait consentie pour fournir du pain, toutes les semaines, au même établissement. Cette dernière rente a subsisté jusqu'en 1462. A cette époque, les descendants de Pierre de Patras abandonnèrent plusieurs héritages pour l'éteindre et s'en libérer. Plus tard Mme de Longueville mère en fit l'acquisition pour ses enfants mineurs à charge de payer à la Commanderie de l'Hôpital, en la censive de laquelle il se trouvait : 10 sols de cens, 6 chapons et deux muids et demi de froment « rendus en l'hôtel et grenier » du commandeur de l'Hôpital, soit à Coulommiers, soit à Maisonneuve. Cette clause fut une des causes qui suscitèrent le procès de 1708-1721 entre le duc de Luynes et le commandeur de Commenges (voir le moulin Trochard).

Ce dernier prétendait que le blé, qui lui était dû tant pour le moulin des Prés, que pour celui de la Ville, devait lui être rendu dans ses greniers à Maisonneuve, lieu de sa résidence; le duc soutenait, au contraire, que le commandeur ayant deux maisons, l'une en la ville de Coulommiers (c'était l'hôtellerie de l'Autruche), l'autre à Maisonneuve, il était loisible, à son choix, de le rendre à la première, et cela aux termes d'un bail à rente qui en avait été fait le 31 août 1619. Un jugement rendu en la seconde chambre des arrêts du Palais, le 31 décembre 1721, donna gain de cause aux chevaliers de Saint-Jean de Jérusalem, qui rentrèrent en possession du moulin des Prés, de ceux de Mouroux, Grotteau, de la Ville et du moulin à tan des Prés, à l'exception de celui de Trochard.

Dans un bail du domaine de Coulommiers en date du 22 décembre 1719, on lit qu'au moulin à blé des Prés, était attachée la servitude d'ouvrir les vannes dudit moulin, et de celles des moulins de la Ville et de Pontmolin, lorsque la rivière était pleine et menaçait de déborder.

C'était d'ailleurs un moulin banal qui avait le droit de queste, conjointement avec celui de la Ville, dans la ville et faubourgs de Coulommiers et exclusivement pour lui seul dans les hameaux de Triangle, des Parrichets, des Courrois, de la Forte-Maison (Montblu?), l'Hôpital et les Grand'-Maisons (E. 1777. *Arch. dép.*).

Vendu à la Révolution comme bien national, il appartint

successivement à M. Pottier (1791), au baron Mesnager (1827), au marquis de Varennes (1831), à M. Abel Leblanc père (1853), à la société anonyme des moulins de Pantin (1879); aujourd'hui il appartient à M. Liénard-Clavé, dont le fils l'exploite.

Au même endroit, mais postérieurement à l'établissement du moulin à blé des Prés, on construisit deux moulins à drap, qui furent convertis ensuite en moulins à tan.

En 1500 (5 mars), ils furent baillés à rente par le commandeur Picart à un nommé Antoine Lefort. La duchesse de Longueville en fit l'acquisition, par contrat du 5 avril 1667, de Benjamin Bourdon, un des descendants d'Antoine Lefort, moyennant 2 s. 6 d. de cens et de 17 liv. t. 10 s. de rente foncière envers la commanderie de l'Hôpital, dont ils mouvaient, de 25 liv. t. de rente envers l'Hôtel-Dieu de Coulommiers, de 100 liv. t. de rente au principal de 2 000 liv. t., envers les héritiers de Charles Annier, à condition des réparations qui étaient à faire, même de l'entier rétablissement de ces moulins « s'il y échet », et en outre moyennant la somme de 300 l. t. Ainsi que nous l'avons dit plus haut, il en existait encore un au commencement du XVIIIe siècle, que le jugement du 31 décembre 1721 rendit aux chevaliers de Jérusalem. Il disparut également plusieurs années après.

39. — Moulin de Grotteau

(Appelé aujourd'hui improprement moulin de la Ville).

On ne sait pas exactement à quelle époque il a été établi. Dans tous les cas, comme il est construit sur le brasset des Tanneurs, qui n'a été ouvert qu'en 1170 par Henri Ier, comte de Champagne, cela ne peut être que vers le XIIIe siècle. Ce que l'on sait, c'est qu'il a été possédé par un nommé Pierre Grotteau, marguillier de la paroisse de Coulommiers, qui est cité dans un acte de donation de divers biens à la fabrique du lieu consentie, en 1494, par son frère Michel.

Pierre Grotteau a-t-il construit ce moulin, ou lui a-t-il simplement donné son nom? Nous n'en savons rien.

En 1658, il fut saisi réellement sur un des membres de cette famille Grotteau, et vendu, suivant décret de l'année 1676, à Pierre Thomé, bourgeois de Coulommiers, moyennant 2160 livres, plus 4 sols de cens et 7 livr. t. 10 sols de rente, envers la commanderie de l'Hôpital. Le 28 octobre 1692, Thomé le vendit à M. l'abbé d'Orléans, moyennant 3000 liv. t., plus les charges que nous venons de citer en faveur de la commanderie de l'Hôpital.

M. Hébert, notable de Coulommiers, qui a écrit des notes sur cette ville au cours du XVIIIe siècle, le désigne de la manière suivante :

« Ce moulin est situé dans le faubourg de la porte de « Provins dudit Coulommiers. L'entrée est au fond d'une « cour commune, proche l'abreuvoir, et il est placé sur le « brasset ou petit bras de la rivière du Morin, au-dessous du « pont aux Vaches. Il dépend pour l'emplacement du moulin « de la censive de la Commanderie, et pour le cours d'eau de « celle des seigneurs de Coulommiers, ainsi qu'on l'a fait « voir au procès de 1718-1721. Il était ci-devant à huile, et « ce n'a été que dans ces derniers temps et depuis le jugement « du procès précité (31 décembre 1721), qu'on en a fait « un moulin à blé. Depuis ce changement, il semble qu'il ait « pris parmi le peuple le nom de moulin Neuf ou de moulin « du Faubourg. » Dans tous les cas, il appartenait encore, à la Révolution, aux chevaliers de Saint-Jean de Jérusalem sur lesquels il fut confisqué et vendu comme bien national.

Le 17 février 1844, il fut acquis, par jugement rendu par le tribunal civil de Coulommiers, par Louis-Constant-Napoléon Doublet, meunier aux Corvelles de Chauffry, moyennant 70000 francs de prix principal, d'un sieur Gosme Lucien, mécanicien, et de dame Estelle Depensier, sa femme, anciens meuniers, domiciliés à la Nowa, district d'Ekatherisnauslaw (Russie).

M. Doublet l'exploita pendant quelque temps, puis le céda à son gendre, M. Abel Prouharam.

En novembre 1898, le meunier M. Picard ayant fini son bail, le moulin fut mis en vente par Mme A. Prouharam, et acquis par M. Tourneur, qui l'exploite. C'était, en 1811, un tout petit moulin qui n'avait qu'une paire de meules et qui moulait à la parisienne. Au cours du XIXe siècle, on y ajouta 2 cylindres et un granulateur. Il peut moudre actuellement 12 000 hectolitres de blé par an : on le désigne aujourd'hui, mais improprement, sous le nom de moulin de la Ville, ce qui pourrait établir une confusion avec celui des Religieuses, qui a porté antérieurement ce nom.

40. — Moulin des Religieuses ou de la Ville.

D'après Michelin, ce moulin aurait été construit sous Clovis sur le brasset Breneur ou des Religieuses, dans une dépendance de l'ancien château ou hôtel des Salles. Sans affirmer qu'il en soit ainsi, nous pouvons dire que son existence est constatée au XIe siècle. C'était à cette époque une dépendance du domaine des comtes de Champagne. En 1128, le comte Thibault II en fit don aux Templiers, qui s'installèrent à Coulommiers vers la même époque. Un peu avant cette date, la comtesse Adèle de Normandie, fille de Guillaume le Conquérant, veuve de Étienne-Henri, fils de Thibault I, tué en 1102 à la bataille de Rama, accorda au prieur de Sainte-Foy, outre différents droits de pêche sur la rivière, le privilège de moudre gratuitement audit moulin, jusqu'à concurrence des besoins de ses moines.

A diverses époques on désigna ce moulin sous les noms suivants : moulin du Château, de l'Hôtel des Salles, des Templiers, de la Ville, de Malte, et ensuite des Religieuses, qu'il a conservé jusqu'à nos jours, en raison de son voisinage avec un monastère de religieuses.

Dans son étude sur les vassaux des comtes de Champagne en 1200, M. Réthoré, de Jouarre, cite parmi ceux qui, possesseurs de fiefs, devaient la garde au château de Coulommiers : Perres-Malla-Covée, qui avait le droit de prendre 4 muids 1/2 de froment sur les moulins de Coulommiers et autres revenus dans la châtellenie. En échange, il devait quatre mois de garde.

Dans tous les cas, sous les comtes de Champagne, c'était déjà un moulin banal, ainsi qu'il en est fait mention dans la charte de juin 1231, donnée par le comte Thibault de Champagne aux bourgeois de Coulommiers.

Les Templiers de Coulommiers possédaient d'ailleurs plusieurs moulins aux environs de cette ville, entre autres celui des Religieuses.

Cette possession est constatée par un acte de Henri, comte de Troyes, qui confirme, en 1173, la donation faite par Evrard le Camérier aux Templiers, d'un moulin à Coulommiers, y compris le tenancier, avec un cens de 20 sols, en même temps qu'il approuve aussi la concession faite aux mêmes Templiers, par Ferry de Paris, d'un autre moulin à *2 roues*, dans la même ville, avec une femme vassale et ses deux fils (*Arch. nat.* S. 5176 supplément, n° 1, et S. 5863).

En 1194, une charte de la comtesse Marie de Troyes confirme également la concession à cens, faite aux Templiers, par Pierre de Tocquin, d'un troisième moulin à Coulommiers, situé à l'entrée du château, moyennant une redevance de 8 septiers d'avoine par an (*Arch. nat.* S. 5863, Inventaire). Ce dernier moulin est bien celui des Religieuses, mais quant aux deux autres, cités plus haut, quels étaient-ils? Il ne peut être question du moulin des Prés, qui n'a été construit qu'en 1275, ni du moulin de l'Arche, établi vers l'année 1500; sans doute s'agit-il du moulin de Grotteau, et d'un autre qui aurait existé dans la ville, et dont parle M. Hébert dans ses mémoires sous le nom de moulin Brulé, et qu'il désigne comme il suit : « Ce moulin, dont il semble qu'on ait perdu « à Coulommiers jusqu'au souvenir, pourrait bien avoir pris « ce nom de ce qu'il fut brûlé anciennement, ou peut-être de « ce qu'il a fini par accident, ou quelquefois du nom de son

« premier possesseur. Il était aussi placé sur le bras du « Grand-Morin, au bout et au-dessous du pont de la Ville, qui « n'était alors qu'un pont de bois ; c'est-à-dire qu'il était « du côté du faubourg de Provins sur l'emplacement de la « première maison, à main gauche, en allant au pont, qui « appartient aujourd'hui au sieur Le Roy, corroyeur, vis-à-vis « la maison du sieur Lebon, la rivière entre deux. Il ne reste « à présent d'autre vestige de l'existence de ce moulin, qu'un « canal en manière de fer à cheval, qui avait été créé pour « lui servir de décharge, lequel avait son entrée et commen- « çait au-dessus de ce même pont sous la maison de la Sirène « appartenant au sieur Bourjot, et tournant de là sous « 3 maisons de la rue ou ruelle dite des Boutiques, passait « sous la grande rue du faubourg, et venait rejoindre le grand « bras de la rivière, après avoir passé sous 3 ou 4 maisons « dudit faubourg, à main gauche en allant au pont, de sorte « que de l'entrée à la sortie du canal, l'une au-dessus l'autre « au-dessous de ce même pont, il n'y avait que très peu de « distance et seulement la largeur du pont et l'emplacement « du moulin.

« Comme ce petit canal coule sous des arches assez étroites, « il s'est engorgé avec le temps, au point qu'il ne reçoit presque « plus d'eau, que dans les inondations. Il serait à souhaiter « pour la solidité des maisons sous lesquelles il passe, qu'il « fût absolument comblé, n'étant plus maintenant d'aucun « usage pour les propriétés, qui n'en reçoivent que beaucoup « d'infection, pendant les chaleurs de l'été. En vain l'a-t-on « curé à plusieurs reprises ; comme son cours est fort oblique, « la rivière y charrie l'hiver suivant, pendant les déborde- « ments, presque autant de limon et d'immondices qu'on en a « ôté » (Extrait des *Mémoires* de M. Hébert).

D'un autre côté, lorsque Philippe le Bel fit, en 1307, saisir les biens des Templiers, on cite, parmi leurs possessions les trois moulins suivants, du Château ou des Religieuses, des Prés et d'Ouches, dont le revenu était de 240 livres petits tournois.

Mais ils en possédaient encore d'autres : celui de Mouroux, de Grotteau et deux moulins à tan situés à Coulommiers.

Dans tous les cas, il ne peut être question de celui qui a existé dans l'île Chalmole, située en amont de Coulommiers, et qui paraît avoir été détruit en 978 par l'empereur Othon.

Confisqué en 1307 par Phillippe le Bel sur les Templiers, le moulin des Religieuses passa ensuite aux mains des chevaliers de Malte, qui le conservèrent jusqu'au 13 février 1604. A cette date, il fut acquis par les seigneurs de Coulommiers, comme nous en parlerons plus loin.

Le 30 avril 1583, Louis du Camp, meunier du moulin de la Commanderie, « près du château », obtint un jugement qui prescrivait au sieur Nicolas Bourdereau, syndic des habitants, de lui donner acte de la fourniture de 7 septiers de blé et 1 de méteil, qu'il avait faite pour le compte de la Commanderie, et représentant la cotisation de cette dernière dans les vivres et munitions envoyés à l'armée du roi suivant les lettres de Sa Majesté.

Le 24 janvier 1595, le receveur Camus du commandeur de l'Hôpital, le chevalier de Quierven (ou de Cuieren), déclare avoir reçu de noble homme Jean Lambert, syndic des habitants de Coulommiers, la somme de 26 écus d'or sol, 40 sols pour le blé fourni ci-dessus.

Ainsi que nous l'avons déjà dit, ce moulin fut acquis, le 13 février 1604, par Catherine de Gonzague, veuve de Henri d'Orléans Ier du nom, duc de Longueville, par une transaction passée devant les notaires de Paris, le même jour, entre elle et le sieur de Fouilleuse, lors commandeur de l'Hôpital, « pour assoupir et terminer un procès important, pendant aux requêtes du Palais, capable d'attirer le déchet, et peut-être la ruine entière de ce moulin de la Commanderie. » Il s'agissait d'une prétention de la part du sieur de Fouilleuse, contre Mme la duchesse de Longueville, d'avoir diverti le cours de l'eau, et par là affaibli l'usage dudit moulin, ce qu'elle déniait, et de son côté poursuivait le commandeur, « pour avoir fait fouiller dans un bras de « rivière, à elle appartenant, et sur lequel ledit moulin est « situé, s'être ingéré de l'avoir fait curer de son autorité; « avoir attiré l'eau dans son moulin, et retiré par là de ceux « de la terre de Coulommiers ». Sur ces contestations respectives, le sieur de Fouilleuse, sous le bon plaisir du grand maître de Malte, délaissa le moulin dont il s'agit à Mme de Longueville, à la charge de payer annuellement, en l'acquit de la Commanderie, 20 septiers de blé au chapelain de Veuves, 6 septiers au prieur de Sainte-Foy, et encore moyennant 8 muids de froment de redevance, par chacun an, envers la Commanderie, payables soit à Coulommiers, soit au porteur du contrat. L'acte portait cette clause, que s'il n'était pas ratifié par le grand maître de Malte, où il devrait être envoyé, le sieur de Fouilleuse rentrerait en possession du moulin, et les parties en leurs droits respectifs, contre lesquels, cependant, il ne pourrait s'acquérir prescription, ni préemption. Il paraît, par le procès de 1718-1721, que cet acte ne fut point envoyé à Malte, et c'est apparemment ce défaut de ratification de la part du grand maître qui donna lieu d'annuler la transaction du 13 février 1604, et de faire rentrer le commandeur de Commenges en possession dudit moulin, en vertu d'un jugement rendu par la seconde chambre des arrêts le 31 décembre 1721, qui mit fin à ce grand procès.

Le 22 décembre 1719, dans un bail du domaine de Coulommiers appartenant au duc de Luynes, figure le moulin à blé de la Ville, ou des Religieuses, avec ceux de l'Arche et des Prés; ce dernier était tenu d'ouvrir les vannes de ceux de Pontmoulin et de la Ville, lorsque la rivière était pleine. Il y est en outre stipulé qu'aux deux moulins de la Ville et celui des Prés appartient la queste dans la ville et faubourgs de Coulommiers, dont les habitants seulement auront la faculté de moudre leurs grains à tels desdits moulins qu'ils voudront (E. 1777. *Arch. dép.*).

En 1738, les revenus du domaine de Coulommiers, comprenant les mêmes objets que celui du 22 décembre 1719, sont remis en adjudication.

Quoi qu'il en soit, à la Révolution, il appartenait encore à la Commanderie de Maisonneuve. Confisqué à cette époque, il fut vendu comme bien national le 8 pluviôse an III à Pierre-François Bodart, demeurant à Saint-Ouen-sur-Morin, moyennant 52 200 livres (n° 46, C-5. *Arch. dép.*).

Il était loué pour neuf années à commencer le 1er mai 1791, suivant bail passé devant Maulnoir, notaire à Coulommiers, du 23 février 1791, à Nicolas-Philippe Ferret, meunier, moyennant 850 livres par an, et à charge d'acquitter, chacun an, 26 septiers de blé de rente dont ledit moulin était chargé.

Vers 1880, il était exploité par M. Abel Leblanc et appartenait à Mme Prouharam. Celle-ci le vendit en 1889 à la ville de Coulommiers, en se réservant la propriété de l'emplacement de la vanne motrice et du vannage. La ville de Coulommiers le fit démolir, afin de faciliter l'assainissement du brasset des Religieuses, qui était devenu un foyer d'infection dangereux pour les habitants.

41. — Moulin de l'Arche
(Commune de Coulommiers).

C'est un moulin « à bled » établi sur la rive droite du grand bras du Morin, tout au commencement du XVIe siècle, dans la tour aux Moines, ancienne dépendance du monastère de Sainte-Foy, située à proximité. On le désigna d'abord sous le nom de « moulin de la Tour aux Moines », puis ensuite il prit le nom de « moulin de l'Arche », sous lequel on le désigne encore aujourd'hui, parce qu'on y accédait par une voûte qui avait servi, paraît-il, de cave au monastère de Sainte-Foy.

La tour dont il est question ci-dessus et qu'on désignait aussi sous le nom de « Tour Carrée », dans laquelle était anciennement une des portes de la ville, faisait partie des fortifications, élevées en 1215; elle défendait le passage de la rivière et de la ville en cet endroit. M. Hébert dit qu'il est à croire que, pour arriver à cette porte du côté de la campagne, on passait le grand bras du Morin sur un pont de bois, à l'endroit où est à présent le glacis, où peut-être venait aboutir le chemin de Chailly, qui selon les apparences, passait alors sur le terrain occupé depuis par le château neuf, démoli depuis quelques années. Et une preuve que cette tour faisait anciennement partie des murs des remparts de la ville et que les seigneurs s'en étaient emparés pour l'y placer, c'est que lorsqu'en 1696 le roi taxa tous les particuliers qui occupaient quelques portions des anciens remparts et murailles des villes, on demanda à Son Altesse Mme la duchesse de Nemours, dame de Coulommiers, une somme de 300 liv. t. pour ce qu'elle tenait des anciens murs de cette ville, à cause dudit moulin, lesquels avaient été en partie démolis pour lui donner place.

Le 29 juillet 1573, le maçon Covreur reconnaît, devant le notaire royal Henri, avoir reçu 4 liv. t. 10 s. pour les réparations qu'il a exécutées à l'arche « sous les murailles dudit « Coulommiers, sur le brasset de la rivière de Morain, près « le moulin appelé : le Moulin de l'Arche ».

Ce moulin était compris dans le fief « de l'Arche », dépendant du domaine de Coulommiers, et chargé d'une rente de 20 sols envers l'abbaye de Faremoutiers (H. 447, *Arch. dép.*). Il figure dans le bail, passé devant Desplasses, notaire à Paris, le 22 décembre 1719, à Charles Lejeune, demeurant à Coulommiers, des droits dudit domaine.

Saisi à la Révolution et vendu comme bien national, il passa entre les mains de la famille Prouharam, qui le conserva pendant de longues années; actuellement il est exploité par M. Chasles, meunier.

Il est muni d'un cylindre de 65 centimètres, un de 45 centimètres, deux de 60 centimètres, et de trois granulateurs, le tout actionné par une turbine et une machine à vapeur de 18 chevaux.

Il peut moudre 25 000 hectolitres de blé par an.

42. — Moulin de Pontmoulin

(Commune de Coulommiers).

L'établissement d'un moulin en cet endroit paraît très ancien. D'après Cordier, l'historien de Coulommiers, cet établissement remonterait au temps de l'occupation romaine. « On est fondé à croire, dit-il, que le moulin à farine placé « sur le bord du chemin paré, a été construit par les Romains « dans le même temps que le pont et que la réunion de ces « constructions, en cet endroit, fut appelée : Pont Molin, ou « plutôt Pont du Moulin (Pons Moletrinœ). » Nous ne contesterons pas cette ancienneté, quoiqu'elle nous paraisse improbable. D'ailleurs Cordier ne fournit aucune preuve à l'appui de son dire.

Au moyen âge, Pontmoulin devint une seigneurie, dont les possesseurs prirent le nom et s'illustrèrent au temps des croisades. Les descendants des sires de Pontmolin la vendirent en avril 1540 au seigneur de Coulommiers. C'était à cette date un fief avec le titre de seigneurie mouvant en plein fief de M. de Lautrec à cause de son château de Coulommiers, comprenant entre autres biens « un moulin à blé avec une « saulsaye affermés 5 muids de blé par an, mesure de Cou- « lommiers, et un moulin à tan près et attenant au moulin à « blé et loué 50 liv. t. par an ».

Dans ladite seigneurie était compris le moulin banal de Pontmoulin, qui avait droit de chasse et de queste dans les hameaux de Limosin et des Bordes (paroisse de Saints), dans ceux de Pontmoulin, Vaux, le Theil (paroisse de Coulommiers) et dans les paroisses de Beautheil et de Chailly, dans tout ce qui était compris dans la justice et seigneurie de Coulommiers (E. 1777. *Arch. dép.*).

Ces indications figurent tout au long dans un bail du 22 décembre 1719 des droits, etc., dépendant du domaine de Coulommiers, passé au profit de Charles Lejeune de Coulommiers.

Le 16 mai 1777, le duc de Chevreuse vendit les trois moulins (deux à blé et un à tan) et dépendances de Pontmolin à M. de Montesquiou, qui lui-même vendit l'un des deux moulins à blé au sieur Desescoutes. A la Révolution, le deuxième moulin à blé passa entre les mains de Vincent Heuzé, qui l'exploitait déjà (voir bail à rente du 25 janvier 1791 passé devant maître Maulnoir, notaire à Coulommiers).

Quant au moulin à tan, il devint la propriété de M. Ménager, gendre de M. Desescoutes.

En l'an XI, Heuzé tenta d'obtenir l'autorisation d'établir

PAPETERIE DE PONTMOULIN

un moulin à chamois sur les ruines d'un prétendu moulin contigu au sien qui aurait existé antérieurement. Naturellement son voisin, le baron Ménager, s'y opposa en faisant remarquer qu'il n'y avait jamais eu que trois moulins en cet endroit et que si l'autorisation sollicitée par Heuzé lui était accordée, de trois bons moulins on en ferait quatre mauvais.

L'administration départementale rejeta la demande de Heuzé, qui n'en tint pas compte et construisit un moulin qui fonctionnait dès le 24 thermidor an XI. De là, nouvelle réclamation de M. Ménager, et nouvelle visite des lieux par l'ingénieur Buisson, qui dans son rapport concluait que Heuzé n'avait aucun droit et que son moulin était en contravention avec l'ordonnance des eaux et forêts de 1669; qu'on ne peut en établir un quatrième et que Heuzé ne pourra conserver son nouveau moulin qu'à la condition de n'en faire tourner qu'un à la fois et en s'entendant, comme par le passé, avec les propriétaires des deux autres moulins, lorsqu'il n'y aura pas assez d'eau pour les faire mouvoir tous ensemble.

Vers 1811, le moulin à blé de Heuzé marchait à la parisienne pour le compte du meunier, qui faisait usage pour son commerce de poids et mesures établis suivant le système métrique.

En 1830, il appartenait au marquis de Varennes, puis il passa entre les mains de la Société du Marais.

En 1837, cette société prend la succession de M. Ménager et en 1856 se rend acquéreur du moulin de Mme veuve Regnard.

Devenue ainsi propriétaire de tous les moulins de Pontmoulin, la Société du Marais transforma les vieux bâtiments en une belle usine à papier, ayant une machine à vapeur de la force de 110 chevaux.

43. — Moulins de Sainte-Marie
(Commune de Boissy-le-Châtel).

C'est aujourd'hui une papeterie connue dans le monde entier et appartenant à la Société anonyme des papeteries du Marais et de Sainte-Marie. Elle est formée de la réunion de deux anciens moulins à blé dont l'un, situé sur la rive gauche au territoire de Chailly-en-Brie, était autrefois désigné sous le nom de : « moulin du gué Josson, Chausson, puis par corruption, du gué au son » ; l'autre, situé sur la rive droite, au territoire de Boissy-le-Châtel, était désigné sous le même nom. Ils ont été réunis en un seul établissement par les soins de MM. Delatouche et Cie, papetiers; c'est actuellement une fort belle usine où la force motrice est donnée par deux roues à palettes et une machine à vapeur de 170 chevaux.

En 1599, le moulin à blé du « Guay Josson » était grevé d'une rente de 40 sols deniers, de 2 chapons, etc. Il dépendait du fief de Masure, paroisse de Chailly-en-Brie, et appartenait aux seigneurs de Boissy-le-Châtel.

A la Révolution, il fut confisqué sur M. de Caumartin, alors seigneur de Boissy, émigré, et fut vendu nationalement.

En l'an V, il fut reconstruit par son propriétaire Clément,

PAPETERIE DE SAINTE-MARIE

ce qui donna lieu à réclamations de la part de Jean Desarbres, propriétaire du moulin supérieur de Boissy. Un arrêté préfectoral du 22 frimaire an IX autorisa M. Clément à conserver son moulin, sous la charge d'établir un déversoir et de baisser le sommet de ses vannes de 33 centimètres. Malgré cet arrêté, la contestation entre Clément et Desarbres subsista et, en messidor an XII, M. le Préfet de Seine-et-Marne informait le sieur Moujet, maire de Saint-Remy-la-Vanne, devenu propriétaire du moulin du gué Josson : qu'un arrêté du Conseil d'État du 24 ventôse an XII avait décidé que les contestations qui existent entre particuliers sur les cours d'eau non navigables doivent être portées devant les tribunaux civils. Le procès continua-t-il? Nous l'ignorons, mais en juin 1809 Moujet demanda l'autorisation de construire un moulin à blé à la place d'un bâtiment existant.

En 1811, c'était encore un moulin au petit sac. Dès 1820, on fabriquait du papier au moulin de la rive droite. Plus tard, le moulin du gué Josson (rive gauche) fut réuni au premier. L'usine prit alors le nom de Sainte-Marie et passa, vers 1830, aux mains de la Société anonyme des papeteries du Marais, qui y installa de nouvelles machines ainsi que des cuves pour la fabrication du papier à la main.

44. — Moulin de Boissy-le-Châtel.

Bâti sur la rive droite du Grand-Morin, c'était autrefois un moulin banal à blé, dépendant de la seigneurie de Boissy-le-Châtel. Il était désigné, dès les temps les plus reculés, sous le nom de : moulin des Deux Moulins.

L'un d'eux était en ruines avant 1329.

Le 29 septembre de cette même année, Thibault de la Hante, demeurant à la Bretonnière (paroisse de Chailly), vend à Guichard, sieur de Beaugoust (paroisse de Boissy-le-Châtel), 6 septiers de blé à prendre sur le moulin dit : des Deux Moulins, et 16 deniers tournois de cens mouvant du sieur de Masure, ce qui montre que déjà, à cette époque, il n'en existait plus qu'un seul. Le 27 mai 1394, Marie de Beaujeu fait hommage à la duchesse de Bar, dame de Coulommiers, de sa terre de Boissy comprenant en outre le moulin dit « des Deux Moulins », qui rapportait annuellement 4 muids de blé. Plus tard, ce moulin passa entre les mains de Charles des Marets, écuyer des écuries du roi, et de Marie des Essarts, sa femme, qui l'achetèrent (10 septembre 1449) de Thibault de Rougemont, moyennant, avec diverses terres, 4 000 écus du coin du roi. Depuis cette époque, et jusqu'à la Révolution, il fit partie de la seigneurie de Boissy dont il était une des dépendances.

En 1599, lors du partage des biens de la maison de

Rentigny, qui possédait la seigneurie de Boissy, le moulin à blé de Boissy était chargé de 2 muids de blé en faveur du chapelain du lieu. A cette date, il était loué à Michel du Saulx.

L'exercice de la banalité souleva, à Boissy-le-Châtel, comme dans beaucoup d'autres endroits, des difficultés entre les meuniers et les baniers; c'est ainsi qu'en février 1757, Nicolas-Berthereau, prévôt de la justice et prévôté de Boissy-le-Châtel, condamne « sept habitants de Boissy et des « hameaux voisins à 3 livres d'amende chacun pour avoir fait « moudre leurs grains ailleurs qu'au moulin de Boissy, sous « prétexte que le meunier leur faisait du tort, et avoir fait « connaître qu'ils n'y retourneraient pas avant qu'il n'y eût « un autre meunier ».

Il leur est, en outre, fait défense « de les faire moudre, à « l'avenir, à d'autre moulin, sous plus grande peine et sauf « au meunier à se pourvoir en dommages et intérêts ».

Quant au meunier, il lui est enjoint « de contenter le public « sous les peines de droit ».

Acquis le 13 prairial an IV, moyennant 10 000 livres t., par Jean Desarbres, laboureur, demeurant à la Bretonnière (commune de Chailly), ce moulin fut exploité comme moulin au petit sac, jusque vers 1833. Devenu à cette époque la propriété de la Société du Marais et de Sainte-Marie, il fut transformé par cette dernière en fabrique de pâte à papier.

Enfin, par ordonnance royale du 19 octobre 1835, la Société fut autorisée à exhausser de 0 m. 25, le déversoir du moulin de Boissy, sous la condition « que les propriétaires dudit « moulin seront tenus de construire, à l'endroit où le Grand-« Morin traverse le chemin de Boissy à la Bretonnière, un « pont en maçonnerie ou en charpente à une seule voie de « 3 m. 50 d'ouverture au moins, dont la construction et « l'entretien à perpétuité seront à la charge desdits proprié-« taires ».

Ce pont devait remplacer le gué qui se trouvait sur le chemin de Boissy à la Bretonnière et qui était devenu impraticable par suite de l'exhaussement de 0 m. 25 du déversoir du moulin de Boissy exécuté, sans autorisation, par M. Delatouche, directeur des papeteries du Marais, ce qui avait provoqué de vives réclamations de la part des habitants des localités environnantes qui assuraient qu'il avait existé autrefois, en cet endroit, un pont que les seigneurs de Boissy avaient laissé disparaître.

Aujourd'hui, on y fabrique du papier, et la force motrice y est donnée par 2 roues à palettes mues par l'eau, et par une machine à vapeur de la force de 20 chevaux.

45. — Moulin des Corvelles

(Commune de Chauffry).

Il était bâti sur la rive droite du Grand-Morin, à environ 1 000 mètres en aval de celui de Chauffry.

C'était, en 1830, un moulin à huile, transformé ensuite en moulin à blé, par son propriétaire, M. Doublet. Son existence ne fut pas bien longue, car tombé en ruines et délaissé, il disparut tout à fait vers 1895.

46. — Moulin de Chauffry.

Ce moulin à blé est situé sur la rive droite du Grand-Morin.

Avant la Révolution, il appartenait à Messire Auguste-Juvénal des Ursins, comte d'Harville, chevalier, seigneur de Doue, qui l'avait donné à rente par bail du 2 mars 1774, passé devant Séguin, notaire à Doue, à un sieur Mazure qui le conserva et le donna, le 1er juillet 1830, en partage à M. Pasquier, son gendre (partage devant Moussu, notaire à Rebais).

En 1811, c'était un moulin au petit sac ou à la monnée. Transformé par ses propriétaires successifs, il a moulu commercialement jusqu'à ces derniers temps.

Actuellement il est la propriété de la société Neumann et Marx, qui y a installé une fabrique d'objets en celluloïd.

47-48. — Moulins de la Vacherie : 1° Moulin à blé
(Commune de Saint-Siméon).

L'existence de ce moulin, établi sur la rive gauche de la rivière, remonte assez loin. Il est cité dans le contrat de mariage passé le 6 janvier 1694 devant Mouflé, notaire à Paris, de Jean-Baptiste de Fenes ou Fenis, chevalier, écuyer de la grande écurie du roi, avec Charlotte Dassigny, fille de Pierre Dassigny, seigneur des Bordes, la Vanne, Charcot, etc. La future épouse apportait en dot les terres et seigneuries de la Vanne, de la Vanne-Genlis dite la Vacherie, trois fiefs à Boissy-le-Châtel, terres et fiefs de Charcot, Hautefeuille, les Bordes, le moulin à huile de la Vacherie, etc.

Il redevint ensuite moulin à blé, et, en 1811, on y moulait au petit sac et à la monnée.

Vers 1830, il appartenait en commun à MM. Desarbres et Simon, de Coulommiers, puis à M. Étienne Moussin ; il passa ensuite entre les mains de M. Arthur Touret, qui continua à y moudre du blé, après y avoir fait installer une turbine faisant mouvoir 4 paires de cylindres de 0 m. 22 de diamètre et un pressoir à cidre.

2° Moulin à huile.

Le moulin à huile situé sur la rive droite qui appartenait, en 1857, à M. Jean-Baptiste Simon, fut acquis, vers 1875, par M. Varangosse, lapidaire, qui y installa une polisserie de cristal avec taille de pierres précieuses.

A sa mort, sa fille, Mme Vve Berquin, continua l'industrie que son père y avait installée.

49. — Moulin de Saint-Faron
(Commune de Saint-Siméon).

Un moulin de ce nom a existé autrefois sur le Grand-Morin, à environ 116 mètres en aval du ru de Piétrée. On y constatait, en juin 1857, l'existence du glacis dans une propriété appartenant à M. Jean-Louis Gillot, qui déclara à cette époque qu'il se réservait le droit d'élever, ou faire élever, une usine en ce point.

Nous ignorons à quelle date il fut détruit.

50 — Moulin de la Vanne
(Commune de Saint-Siméon).

Ce moulin, situé sur le territoire de Saint-Siméon, à 787 mètres en aval du moulin des Prés, a entièrement disparu; c'était autrefois un moulin au petit sac et à la monnée. Dans ces derniers temps (1838) il appartenait aux héritiers Malbranche-Le Roy, qui le vendirent le 6 mai 1838, suivant procès-verbal d'adjudication passé devant Me Nottin notaire à Choisy, à M. Lafosse, Jean-François, propriétaire et maire de Saint-Siméon, moyennant, avec 2 hectares 7 ares de terres et cour, la somme de 19 225 francs; il devint ensuite la propriété de la Société des papeteries du Marais et de Sainte-Marie, qui n'a conservé qu'un logement pour un de ses employés, et les vannes et déversoirs établis sur la rivière.

51. — Moulin des Prés
(Commune de Saint-Remy-la-Vanne).

Bâti sur la rive gauche d'un bras secondaire du Grand-Morin, à 534 mètres en aval de l'usine de Saint-Denis, il appartenait, à la Révolution, à la famille de la Châtre, et dépendait du domaine de Chalendos.

Il fut vendu nationalement le 16 juin 1793 à Jacques Demainville, moyennant, avec d'autres immeubles, 15 537 liv. t. 55 s. 6 d. Cette vente fut annulée par décision ministérielle du 22 germinal an V, et le moulin resta la propriété des sieurs Prévost de Gagemon et Prévost d'Albreuse, qui possédaient la terre de Chalendos comme héritiers du duc de la Châtre.

Puis il passa entre les mains de M. Ninot, qui le vendit, après 1861, à la Société du Marais; celle-ci l'a détruit en tant que moulin à blé, et n'a conservé qu'un logement pour un ouvrier de ses usines.

52. — Moulin de Saint-Denis
(Commune de Saint-Remy-la-Vanne).

C'était autrefois un moulin à blé, situé sur la rive droite de la rivière, à 896 mètres en aval de la cartonnerie du moulin du Pont (Saint-Remy). Il appartenait avant la Révolution à l'abbaye de Rebais. A cette époque il était loué, avec d'autres biens, pour 9 ans, à Pierre Levêque Dumoulin par bail du 19 février 1789, passé devant Moreau, notaire à Paris, et sous-loué, à Pierre Lombard, à dater du 1er mars 1789, moyennant 930 liv. t. et 6 canards.

Confisqué et vendu nationalement le 6 juin 1791, avec le moulin du Raboireau (paroisse de Saint-Denis-les-Rebais), à Parnot François, meunier à Bescherelle (paroisse de Boitron), moyennant 1 900 liv. t., il devint vers 1830 la propriété de la Société du Marais, qui l'a transformé en papeterie.

C'est aujourd'hui une belle usine, contiguë à celle de la Fontaine, où l'on fabrique de la pâte destinée à l'usine de Pontmoulin.

53. — Moulin de la Fontaine-Chailly
(Commune de Saint-Remy-la-Vanne).

Ce moulin est bâti sur le ru de la Fontaine-Chailly à quelques mètres de distance du lieu où sourdent les eaux de la fontaine de ce nom, à quelques mètres seulement de la rive gauche du Grand-Morin. C'était avant la Révolution un moulin à huile dépendant du chapitre de l'église Saint-Quiriace de Provins qui l'avait loué par bail emphytéotique du 14 décembre 1787, passé devant Thierry, notaire à Provins, pour 9 ans, à commencer le 11 novembre 1792, à Louis Doublet, moyennant 60 liv. t. de redevance annuelle.

Il fut acquis le 8 thermidor an IV par Nicolas Doublet, cultivateur à Saint-Remy, moyennant, avec quelques terres, la somme de 6 637 liv. t.

Devenu, en 1829, la propriété de la Société du Marais, celle-ci y établit une papeterie et la dota de la première machine continue qui ait existé dans les papeteries de la vallée.

PAPETERIE DE LA FONTAINE-CHAILLY

54. — Moulin du Pont
(Commune de Saint-Remy-la-Vanne).

Il est bâti sur la rive gauche de la rivière, en face le hameau du Pont; son existence est constatée dans un acte du 20 août 1493, passé devant Touart, substitut de Pierre de la Porte, tabellion, dans lequel il est dit que « devant « Jehan Froment, bailly de Coulommiers, pour M. le duc « de Nevers, Jehan Gillier, meunier au moulin du Pont, « prend à surcens de maître Jehan Le Riche, notaire et secré- « taire du roy, une place et masure ou souloit avoir moulin « de la Fosse assis en la paroisse de Saint-Remy », etc. Dans un autre acte du 4 janvier 1496, Etienne Alexandre, meunier au moulin du Pont, succède à Gillier, avec l'obligation de faire édifier, à ses dépens, en la place sus-indiquée, un moulin à drap avant Pasques prochain, etc. L'emplacement de ce moulin était situé, dit l'acte, « entre le moulin du Pont et autres ». C'est très probablement le moulin de la Planche d'aujourd'hui.

A la Révolution, il était devenu moulin à blé appartenant à l'abbaye de Rebais; en 1789, il était loué, pour 9 années, à

PAPETERIE DU MOULIN DU PONT

Pierre Lévêque Dumoulin, par bail du 19 février 1789, passé devant Me Moreau, notaire à Rebais, et sous-loué par celui-ci à Jehan-Louis Lombard, pour le même laps de temps, moyennant 950 liv. t. par an.

Confisqué en 1790, il fut vendu le 6 juin 1791, avec plusieurs pièces de pré, aux sieurs Petit et Jeannel, avoués à Coulommiers, moyennant 14 300 liv. t. Ces derniers le revendirent le 20 décembre 1791, à Jean-Louis de Lagarde, propriétaire du Marais, qui le transforma en usine à papier.

Vers 1880, la Société du Marais y fit exécuter d'importants travaux, qui ont fait du pauvre moulin à drap d'autrefois une belle et grande usine où l'on fabrique du carton-papier.

En exécutant les fondations de la cheminée de la machine à vapeur, on mit à jour un cours d'eau souterrain d'une grande importance pour l'usine.

55. — Moulin de la Planche
(Commune de Saint-Remy-la-Vanne).

Comme nous l'avons dit au moulin du Pont, l'existence du moulin de la Planche semble établie dès le xve siècle, mais à cette époque il était en ruines, puisque le 4 janvier 1496, Etienne Alexandre, meunier au moulin du Pont, prend à cens et surcens de Jehan Le Riche, seigneur de la Vanne, notaire et secrétaire du roy, trésorier général du duc de Nevers, une place « ou souloit avoir autrefois moulin appelé « de toute ancienneté moulin de la Fosse, tenant au Morain « et au chemin à aller du Courroi à Jouy-sur-Morain, ladite « place assise près le moulin du Pont, à faire : moulin », assise en la rivière du Morain au lieu dit : la Planche, dans le carrefour de Courru, appartenant audit seigneur, moyennant 6 liv. t. de cens et 15 sols de surcens, avec obligation d' « édiffier et faire à ses dépens devant Pasques prochain « un moulin à drap, etc. ».

Ce moulin a-t-il été construit? Quelle a été sa durée comme moulin à drap? nous l'ignorons. Tout ce que nous savons, c'est que le 1er messidor an XIII, un arrêté préfectoral a autorisé le sieur Delatouche, propriétaire, à rétablir « l'ancienne papeterie de la Planche, détruite ».

Aujourd'hui, il appartient à la Société du Marais, qui y emploie quelques ouvriers à la préparation des pâtes à papier. Il est situé sur la rive gauche de la rivière.

56. — Moulin de Choisy, dit aussi du Petit-Moulin
(Commune de Saint-Remy-la-Vanne).

Il est bâti sur la rive gauche d'un bras du Grand-Morin, à environ 238 mètres en aval du moulin de Nevers.

C'était, avant la Révolution, un moulin à blé, appartenant au prieur de Choisy.

Il était loué pour 9 années à commencer le 1er janvier 1788, à un sieur Laval, suivant bail du 22 septembre 1786, passé devant Maulnoir, notaire à Coulommiers.

Le sieur Laval le sous-loua par bail du 11 octobre 1787,

MOULIN DE CHOISY, OU LEDUC

passé devant Me Mahon, notaire à la Ferté-Gaucher, à Denis Leduc, meunier, moyennant 1 000 liv. t. par an, et encore sur l'acquit des charges suivantes :

1° 2 boisseaux de blé (au vieux boisseau de Coulommiers), à la fabrique de Saint-Remy;

2° Au seigneur de Saint-Remy, 15 sous de rente;

3° Aux héritiers Boëte, 100 liv. t;

4° A la fabrique de Choisy, un cierge et un pain à bénir de 2 boisseaux de fleur de farine.

Devenu, à la Révolution, propriété nationale, il fut vendu le 22 mars 1791, à Denis Leduc, meunier, moyennant 15 000 liv. t. Depuis cette époque, il est resté entre les mains de la famille Leduc, qui continue à l'exploiter.

57. — Moulin de Nevers
(Commune de Saint-Remy-la-Vanne).

C'était autrefois un moulin à blé, bâti sur la rive gauche du Grand-Morin, désigné quelquefois, par corruption sans doute, sous les noms de moulin d'Ennevert, de Nevers.

A-t-il reçu son nom de François de Clèves, ou de Louis de Gonzague, tous deux ducs de Nevers, et seigneurs de Coulommiers, dont l'un ou l'autre en aurait fait acquisition, et l'aurait fait construire ou réparer? nous l'ignorons.

En 1831, il appartenait à M. Jean-François Prieur, qui l'exploita jusqu'après 1841.

En 1852, la Société des papeteries du Marais en fit l'acquisition.

Actuellement, il ne fonctionne plus; la force produite par la chute est transportée, au moyen de câbles, à l'usine de Crèvecœur.

58. — Moulin de Crèvecœur
(Commune de Jouy-sur-Morin).

Situé à 700 mètres en amont du moulin de Nevers, c'est un établissement de création récente.

C'était, vers la fin de 1856, un moulin à huile, appartenant à M. Beauvallet. Acquis vers la même époque par la Société anonyme des papeteries du Marais, cette dernière le transforma en papeterie, mais elle y fabriqua plus spécialement du papier pour les billets de la Banque de France, jusque vers 1880. A cette date, et à la suite de différends survenus entre l'administration de la Banque de France et la Société du Marais, la première cessa de faire fabriquer son papier à l'usine de Crèvecœur et se rendit acquéreur, sur le Petit-Morin, de l'usine du Gouffre, qu'elle transforma en papeterie et où depuis ce moment elle fabrique tous les papiers qui lui sont nécessaires.

Quant à l'usine de Crèvecœur, elle continue la fabrication des papiers pour émission de titres destinés à des sociétés diverses et à des nations étrangères.

La Société du Marais y a installé une machine à vapeur de 20 chevaux.

59. — Moulin du Gué-Blandin

(Commune de Jouy-sur-Morin).

Disons tout d'abord que ce moulin n'existe plus depuis un certain temps déjà (démoli antérieurement à 1849).

C'était au XVe siècle une dépendance de l'abbaye de Faremoutiers, dont les religieuses passent bail à surcens, le 20 avril 1496, à Jean de Bonneval, écuyer, seigneur vassal de Jouy-sur-Morin, du cours de l'eau du moulin Blandin.

Le 5 janvier 1514, Jean de Bonneval sous-loue le cours de l'eau du moulin du ru du Gué à Jean Michault, moyennant 40 sols de surcens, un denier de cens et une poule.

Etait-ce un moulin à blé, à huile, ou autre? nous l'ignorons. Cependant, au cours du XVIe siècle, il était devenu moulin à papier, car le 19 août 1556 il est chargé encore d'une rente de 5 liv. t. faisant partie d'une autre de 25 liv. t. et 5 mains de papier, faisant également partie de 25 mains sur ledit moulin (Inventaire de Faremoutiers).

Ces rentes subsistent avec quelques modifications le 21 décembre 1565, le 8 avril 1569 (20 liv. t., 15 mains de papier sur le moulin à papier du moulin Blandin); le 7 août 1585 (rente de 40 sols et une poule sur le moulin du Gué-Blandin); le 23 septembre 1618 (mêmes rentes que le 19 août 1556); le 20 mars 1631 (rente d'une poule sur 6 quartiers de terre à la Bonsotterie[1], 2 sols 6 deniers de surcens sur un quartier à la Mivoye et 15 mains de papier sur le moulin du Gué-Blandin).

En 1691, saisie est faite sur Mme de Bonneval d'Apremont

1. En 1625 il y avait des murailles en cet endroit.

du 16e de la justice et des droits seigneuriaux de Jouy, etc., et de rentes sur les moulins, consistant notamment en 100 sols et 5 mains de papier sur le moulin du Gué-Blandin, etc.

Le 12 novembre 1741, les intéressés (les dames de Faremoutiers et les seigneurs de Jouy) font établir un nouveau titre pour le moulin à huile du Gué-Blandin, chargé et redevable envers les religieuses de Faremoutiers de 5 liv. t. de rente seigneuriale et 20 mains de papier à écrire de rente, 20 sols de cours d'eau et 5 sols de surcens (Inventaire des titres de l'abbaye de Faremoutiers).

Ce moulin fut ensuite transformé en moulin à blé et devint, le 16 mars 1828, la propriété de la Société des papeteries du Marais, qui le détruisit peu de temps après.

60-61 — Moulins du Marais

(Commune de Jouy-sur-Morin).

Primitivement, c'était un moulin à blé qui paraît avoir été réparé au cours du XVIe siècle par dame Anne de Beaumont, veuve d'Artus de Bonneval, seigneur en partie de Jouy, qui constitua une rente de 3 setiers de blé (H. 1 055) à prendre sur ledit moulin. Il est cité dans la liste des fiefs de la Brie, établie vers 1540, de la façon suivante : « Appartient auxdites dames (les religieuses de Faremoutiers) et aux seigneurs (de Bonneval) un moulin appelé le moulin des Maretz », qui est en censive commune et que tient de présent Collas Bégat, de Antoine de Bonneval, l'un desdits seigneurs; il est chargé de demi-muid de blé pour le cours de l'eau, et pour la part desdits seigneurs (les Bonneval) 3 septiers de blé... » (Note de M. l'abbé Vernon).

Le 15 juillet 1680, c'était déjà une fabrique de papier, car on voit en effet dans un acte d'acquisition passé ledit jour devant Me Houldry, notaire à Jouy, un nommé Pierre Quernel ou Quoruel, « marchant papetier demeurant aux Marests », acheter diverses récoltes dans le voisinage (E. 1234. *Arch. dép.*).

De la même époque (1676-1686) on trouve, aux Archives départmentales, un procès-verbal de prisée et estimation des « tournant, travaillant, roue et autres ustensiles du molin à « papier des Marez, situé en la paroisse de Jouy-sur-Morin ».

« Ce jourd'huy lundi quinsiesme avril mil six cens quatre vingts, prisée et estimation a été faicte du tournant, travaillant, battoirs et autres ustencilles ci après déclarez du mollin à papier des Maretz, scitué en la paroisse de Joui sur Morain en présence et du consentement de Charles Jouvenon, marchant, demeurant audit lieu, et de Pierre Queriel[1] marchant papettier y demeurant, par les nommés Marie Thomé, maître papettier demeurant à la Fontaine, Noël Simonnet, maître papettier demeurant à la Planche, et Jacques Remy, maître charpentier demeurant à Joui, par lesquels Jouvenon et Simonnet nommés, choisis et convenus par eux amiablement, en exécution du bail et loier fait par ledit Jouvenon, dudict mollin audict Simonnet passé par devant notaire soubsigné le 19 mars dernier; à laquelle prisée a esté proceddé comme ensuit :

	Liv. t.	Sols.
Premier la pille du dict mollin garnie de fer, chantiers deux longs et trois travers, prisés cent livres	C	»
Item quatre plateaus garnis de leurs crampons, prisez vingt-sept livres	XXVII	»
Item deux hottes attenant de la pille, prisez neuf livres	IX	»
Item quatre clefs, quatre tremiers avecq les garnitures et chevetz, prisez les quatre, cinquante livres.	L	»
Item douze mailletz ferrés, garnis de leurs queux, prisez les douze ensemble, quarante six livres.	XLVI	»
Item les trois maillets de la pille à effleurer, prisez cent solz	V	»
Item la planche du mollin, prisée quarante solz	»	XL
Item l'harbre des lieures, garni de frettes et turillons, prisé avec les levers et chevreteaux, prisé cinquante livres.	L	»

1. Un Quernel, évidemment le même nom et de la même famille, est également propriétaire du Marais en 1703.

	Liv. t.	Sols.
Item la lanterne garnie de frette et fuseaux, prisé quinze livres	XV	»
Item la grande goutière garnie de ses soupantes avecq deux autres petittes pour conduire à l'ouvroir, prisé six livres.	VI	»
Item le cacque et quesse du mollin, prisé vingt sols	»	XX
Item l'harbre de la roue garni de frette, turillons, chantiers et chevretiaux, prisé quarante cinq livres.	XLV	»
Item le rouet du mollin prisé	»	»
Item la roue dudit mollin, garnie d'aube et coreaux, prisée vingt livres	XX	»
Item la goutière garnie de ses chevetz, chevalletz, prisé trente solz.	»	XXX
Item le nou du mollin, garni de pieux et vantrière, prisé douze livres	XII	»
Item le vannage enthier, avec le petit pont, prisé quarante-six livres.	XLVI	»
Il n'y a que trois longerons.		
Dans l'Ouvroi :		
Item la presse qui est dans icellui, avecq les leviers et poulains, prisé trente-deux livres.	XXXII	»
Item la cuve garnie de trois cercles de fer, fourneau trapant et goutière de plon, prisez douze livres.	XII	»
Item ung cuveau garni de deux cercles de fer, prisés cent sols.	V	»
Item deux couchoirs, un trapant et levier, deux mises, deux seillons, la selle et la faux, un seau de bois ferré.	»	»
Item le cacque de l'ouvroi garni d'un cercle de fer, la fontenne, trois planches, prisé	»	XX
Item la presse de la salle, prisée vingt-quatre livres	XXIV	»
Item un lessouer garni de ses chevalletz, prisé soixante solz	III	»
Dans le fournel à la colle :		
Item la chaudière à la colle, prisée trente-quatre livres.	XXXIV	»
Item la presse dudit fournel, cinq trapants et cinq filletz, prisez sept livres.	VII	»
Dans les bas estandouers c'est treuvé trente perches de corde telz quelz, prisez, compris le bois, dix-huit livres.	XVIII	»

	Liv. t.	Sols.
Item dans les hault estandouers vingt-quatre perches de corde, compris le bois, prisez dix-huit livres	XVIII	»
Item soixente planches, non prisez.	»	»
Item quatre selles de bois, et quatre piedz, et trois piedz, non prisez.	»	»

Laquelle prisée et estimation lesdits Thomé, Simonnet et Remy ont juré et confirmé en leur âme et conscience, en la main dudit notaire excepté les trois articles qui ont été reservez, fesant mention de la cire, cuidan fourneau, et le contenu avec trois articles. Faict présent Me Lemaire l'esné, et Lemaire le jeune et Pierre Lemaire et ledit Simmonnet et Queriel ont déclaré ne sçavoir signer.

J. Remy. — N. Lemaire. — P. Lemaire. — N. Lemaire jeune. — M. Thomé. — Jouvenon. — Houldrye, notaire[1].

PAPETERIES DU MARAIS

A la Révolution, cette papeterie appartenait à M. Delagarde et fut désignée par la Convention, concurremment avec celle de Courtalin, pour fabriquer le papier à assignats.

1. *Archives de Seine-et-Marne*, E, 1234.

M. de Lagarde étant décédé, sa veuve et ses fils furent requis par arrêté de la Convention du 6 juin 1794, de continuer la fabrication dudit papier.

M. de Lagarde, l'aîné, l'exploita ensuite seul jusqu'en 1828. A cette date, il mit ses immeubles en société sous le nom de « Société Anonyme des papeteries du Marais », dont le premier directeur fut M. Delatouche, secondé par son sous-directeur, Alfred Say, fils de l'économiste Jean-Baptiste Say.

Actuellement l'usine du Marais comprend 2 chutes :

1° Le Marais inférieur, dont la construction fut autorisée par arrêté préfectoral du 19 novembre 1835;

2° Le Marais supérieur, aux lieu et place de l'ancien moulin à blé de 1564.

La Société y a exécuté d'importants travaux.

C'est là que sont installés les bureaux de la Direction des usines.

62. — Moulin du Faubourg de Jouy-sur-Morin.

Ce moulin était situé sur la rive gauche de la rivière, à environ une centaine de mètres en aval du pont de Jouy. Au mois de juin 1254, Simon de Chateauvillain, chevalier, et les religieuses de Faremoutiers d'une part, Gilon de Corvannes et Guidon dit Meunier, écuyer, d'autre part, signent une transaction aux termes de laquelle il est convenu que « les hommes, sujets de l'église et monastère de la paroisse « de Jouy-sur-Morin, seront tenus à l'avenir de venir par « Ban, aux deux moulins que lesdits écuyers ont sur le « Morin, dans le fief de Faremoutiers, pour faire moudre « leurs bleds, mais au lieu de payer 3 mines de bled pour « la mouture, lesdits habitants ne payeront qu'un boisseau « raz; et auront la liberté d'acheter leurs bleds où ils vou- « dront » (*Inventaire des titres de Faremoutiers*, p. 1 023).

Ce moulin est encore cité en 1284 dans une attestation donnée par Gilles de Magny, écuyer, qui certifie que « Jean « de Courvannes tient en fief de M. de Chateauvillain, son

« aïeul, et celui-ci de l'abbaye de Faremoutiers, le moulin « de Jouy-sur-Morin et le moulin de Fréquembaut situé « au-dessous du pont; et que M. de Courvannes a vendu à « Jean de Faremoutiers le domaine du fief et le quart dudit « moulin » (*Inventaire des titres de l'abbaye de Faremoutiers*, p. 1 024).

En 1291, l'abbesse de Faremoutiers et l'évêque de Meaux ratifient la fondation faite par Jean de Senones, clerc, chanoine de Faremoutiers, d'une chapelle en l'église de ce lieu, à charge de 15 livres de rente sur tous les biens que celui-ci avait à Jouy, entre autres deux moulins, jardins, etc. (*Inventaire des titres de l'abbaye de Faremoutiers*, p. 151 et 152).

En octobre 1635, les religieuses de Faremoutiers ratifient encore la donation faite à leur abbaye par Mme Marguerite des Monts, leur abbesse, de la moitié d'un moulin à Jouy. L'autre moitié appartenait à la famille de Bonneval, dont un des membres l'avait sans doute recueilli par héritage; on les voit passer des baux les 9 octobre 1691, 23 novembre 1696, 2 novembre 1699, etc. Plus tard, le 14 juillet 1716, l'abbaye rachète l'autre moitié du moulin avec d'autres biens de Claude-Henry de Bonneval, chevalier, colonel d'infanterie (*Inventaire des titres de l'abbaye de Faremoutiers*, p. 1 007).

C'était toujours un moulin à blé qui fut confisqué à la Révolution et vendu comme bien national.

Il devint, vers 1830, la propriété de la Société du Marais, qui l'a transformé en ouvroir depuis quelques années.

63. — Moulin de Jouy-sur-Morin, dit aussi le Moulin Vidal.

Ce moulin est situé sur la rive droite du Grand-Morin, dans le village même de Jouy-sur-Morin, à 100 mètres environ en amont du pont de Jouy. C'était autrefois une dépendance de l'abbaye de Faremoutiers. Son établissement paraît remonter assez loin, ainsi qu'il résulte des lettres patentes du roi de

France Louis VII et des bulles des papes Eugène III et Alexandre III des années 1144, 1145 et 1162, portant confirmation de tous les biens de l'abbaye de Faremoutiers et entre autres « Joi cum appenditus suis » (*Inventaire des titres de l'abbaye de Faremoutiers*, t. II, p. 935). Du reste, en l'année 1291, ainsi que nous l'avons dit pour le moulin du Faubourg de Jouy, l'abbaye de Faremoutiers en était propriétaire, tout au moins pour partie; le surplus appartenait à la famille de Bonneval, seigneurs vassaux de Jouy, ainsi qu'en témoigne une transaction passée le 8 août 1526 entre les dames de Faremoutiers et Jean Arthus de Bonneval, au sujet du fief de la vassalité de Jouy et des moulins dudit lieu de Jouy, incorporés audit fief (*Inventaire des titres de l'abbaye de Faremoutiers*, p. 1 051).

C'était d'ailleurs un moulin banal, dont le droit de mouture était fixé au 1/16 (*Inventaire*, p. 1 027). Le partage de ce droit, ainsi que la nomination des officiers de justice, donna lieu, vers 1629, entre MM. Philippe et Loth de Bonneval, écuyers, et les religieuses de Faremoutiers, à un procès qui se termina sur une sentence des requêtes du palais rendue en faveur des religieuses le 15 mai 1629 (*Inventaire*, p. 952-957). Enfin, pour éviter à l'avenir de nouveaux différends, les héritiers de Philippe et Loth de Bonneval vendirent, le 6 mars 1636, la portion qui leur appartenait dans le moulin de Jouy aux religieuses de Faremoutiers (*Inventaire*, p. 990 et 991).

Plus tard, le moulin banal de Jouy fut converti en moulin à papier et, en novembre 1679, il était loué à un nommé Justin Deveaux que l'abbaye était obligée de traduire en justice pour défaut de paiement des loyers « dudit moulin à papier », et d'exécution des réparations auxquelles il était tenu. Le « molin » à papier en question ne dura pas longtemps, car à la suite de divers actes judiciaires entre les religieuses et Denis Richer, chapelain de la chapelle Saint-Nicaise, il fut, vers 1690, procédé à sa démolition et à la vente des matériaux qui en provenaient. Le motif allégué était que les inondations du Grand-Morin lui étaient préjudiciables.

Enfin, le 8 novembre 1719, une transaction intervint au sujet de cette démolition, entre Denis Richer, prêtre, cy-devant chapelain de Saint-Nicaise, et Jean-Baptiste Richer, prêtre chapelain de ladite chapelle. Cette transaction fut acceptée par l'abbesse de Faremoutiers en sa qualité de collatrice du bénéfice de la rente de 40 livres, affectée sur ledit moulin lors de la fondation de la chapelle en 1291 (*Inventaire des titres de l'abbaye de Faremoutiers*, p. 154 et 155). Réédifié à la même époque comme moulin à blé, il continua à moudre les grains des habitants de la paroisse de Jouy. Son exploitation n'enrichissait pas ses tenanciers, car en novembre 1730 les officiers de justice de Jouy procèdent à l'acte de prisée du moulin que le meunier avait quitté furtivement la nuit, après avoir emporté secrètement ses meubles. Un procès s'ensuivit contre ses héritiers et ne se termina que trente ans après (*Inventaire de Faremoutiers*, p. 1030), par un arrêt du Parlement de Paris, du 22 janvier 1760, rendu sur appel interjeté par les dames de Faremoutiers sur un autre arrêt du Châtelet de Melun, du 25 juin 1759 en faveur de la veuve du meunier. Cet arrêt condamna la veuve du meunier à payer à l'abbesse de Faremoutiers la somme de 611 livres 16 sols pour restant dû des fermages (*Inventaire*, p. 1031). Nul doute que les frais de justice occasionnés par un si long procès dépassaient notablement cette somme.

L'abbaye continua de louer son moulin banal jusqu'à la Révolution. A cette époque il fut vendu nationalement avec jardin, chenevière de 3 quartiers et 4 arpents 1/4 de terres et prés, le 14 mars 1791, à un sieur Pierre Paul Houé, demeurant à Laval-en-Haut, moyennant 11 600 livres. C'était alors un moulin à huile, loué 200 livres par an, pour une durée de neuf ans, par bail du 7 mars 1789 à de Lagarde, papetier aux Marais. Plus tard il prit le nom de Moulin Vidal et devint ensuite la propriété de la Société du Marais, qui le vendit, en octobre 1902, à M. Fonlut, négociant à la Ferté-sous-Jouarre.

Il est actuellement loué à M. Bréjon, qui y fabrique des boutons d'os.

64. — Moulin de la Chair-aux-Gens (Papeterie)

(Commune de Jouy-sur-Morin).

Cette papeterie est située en amont des papeteries du Marais et en aval du moulin des Gailles (aujourd'hui disparu).

Au XVIIIe siècle, c'était un moulin à blé très peu important, pouvant moudre 8 à 9 boisseaux à l'heure. Il était exploité par une famille Flon qui tenait également celui des Gailles.

Après la Révolution, il appartint à M. le comte de la Bouillerie, jusque vers 1828, ensuite à MM. Récy qui le transformèrent en chamoiserie, puis en papeterie. Celle-ci passa le 5 septembre 1831 entre les mains de M. Palyart-Sailly, qui lui donna une certaine importance : 30 ouvriers y étaient occupés journellement. En 1834, son propriétaire y adjoignit une fabrique de pains à cacheter. Mais, M. Palyart étant venu à mourir, sa veuve, née Marie-Madeleine Greüel, fit procéder à la liquidation des biens de la communauté; le 6 avril 1842 l'usine fut vendue par le Tribunal civil de Coulommiers à MM. Pierre-Philippe Lefebvre Palyart, propriétaire à Amiens, et à Louis Jean-Baptiste Palyart, maître de forges à la Poultière, commune de la Guéroulde (canton de Breteuil, Eure), moyennant, avec les bâtiments, ustensiles, etc., 28 300 francs. La société anonyme du Marais s'en rendit acquéreur au cours de la même année 1842, de MM. Palyart. En l'année 1902, la Société du Marais la vendit à M. Bourguignon, entrepreneur de plomberie à Paris (acte Jamet, notaire à Villeneuve-sur-Bellot), qui la loua à M. Gérault-Richard, député, et autres qui y installèrent une usine pour exploitation d'un produit pharmaceutique, appelé la théobromine, dont le succès ne répondit pas à leurs espérances.

65. — Moulin des Gailles
(Commune de Jouy-sur-Morin).

Ce moulin n'existe plus depuis un certain nombre d'années. Il était bâti sur la rive droite de la rivière, en aval du moulin des Ramonets et à 675 mètres en amont du moulin Vidal. Son origine remonterait assez loin. Il est en effet cité dans un bail passé devant Me Houldry, notaire, consenti par Sébastien Bonneau, receveur de Jouy, demeurant à Laval (même paroisse), le 1er août 1680, à Denis Loisille, marchand foullon demeurant à la Ferté-Gaucher, sous la désignation « du mollin à foullon et à huile des Gayes, avec les logis en « dépendant, suivant et conformément comme en jouissait « Jean Coutot, sans réserve que ceux réservez par iceluy « bail etc. », moyennant 70 livres t. par an (E. 1 234. *Arch. dép.*).

En 1806, il était devenu moulin à blé, appartenant à Jean-Francois Flon qui l'exploitait, après l'avoir reconstruit vers 1800 sur l'emplacement d'un moulin à huile abandonné depuis environ 40 ans.

Le 23 mars 1843, il fut acquis par MM. Philippe Lefèvre, propriétaire à Amiens, et Louis-Jean-Baptiste Palyart, maître de forges à la Poultière (commune de la Guéroulde, Eure), moyennant 15 000 francs. A cette date, il y avait, à cet endroit, un moulin à blé et un moulin à foulon, à huile et à ciment. Malgré toutes ces transformations, cet établissement finit par disparaître.

Son emplacement appartient à la Société des papeteries du Marais.

66. — Moulin (à blé) de la Chair-aux-Gens, ou de la Planchette
(Commune de Jouy-sur-Morin).

Ce moulin appartenait au XVIe siècle à la famille de Bonneval, qui possédait des terres à Jouy-sur-Morin. — Le 15 novembre 1509, Jean de Bonneval, écuyer, passe bail à rente à Jean Michaut, « d'un moulin à blé dit de la Chair aux « gens, moyennant 10 sols de cens, 2 poules, un gâteau « et 2 muids de blé par an » (H. 647. *Arch. dép.*).

Le 16 avril 1537, dans un nouveau bail du même moulin, la redevance en argent n'est plus que de 5 sols, les autres conditions sont les mêmes qu'en 1509.

D'autres baux nous font connaître que ce moulin resta longtemps encore la propriété de la famille de Bonneval. D'abord, celui du 23 août 1680 par lequel messire Christophe de Bonneval, chevalier, seigneur de Jouy-sur-Morin en partie, capitaine au régiment de cavalerie du roi, loue pour 6 années à commencer du 15 août 1680 à Louis le père, de Graiz (?), moyennant 7 boisseaux de blé mesure racle dudit Jouy, 1/3 de blé froment et les deux autres tiers de blé et grains qui proviendront dudit mollin; puis le 26 juillet 1682, c'est encore un bail semblable que passe M. de Bonneval; mais quelques années après, les religieuses de Faremoutiers avaient dû en faire l'acquisition, car elles en passent bail, les 3 novembre 1697 et 26 mars 1698; le 1er octobre 1728 (actes Corbilly et Cordellier, notaires à Faremoutiers), et le 22 septembre 1737 elles passent encore bail du moulin banal à blé de la Chair-aux-Gens, pour 3, 6 ou 9 années, en faveur de Joseph de Neufchâtel, meunier, avec obligation de faire « la chasse et queste des grains dans le bourg de Jouy et « dans toute l'étendue de la seigneurie de Jouy, en telle sorte « que les habitants soient bien servis et qu'il n'existe aucun « sujet de plaintes, tant pour la queste qui sera exactement « faite que pour la conservation et le moulage des grains, « renvoi d'iceux en leurs maisons, sans y commettre aucun « abus de perception des droits et salaires dus pour les mou- « lages qu'ils ne peuvent percevoir qu'à la mouture ordi- « naire », etc.

La location était consentie moyennant 300 boisseaux de blé froment sain sur le net, mesure de moisson et dudit Jouy loyal et marchand, 6 chapons gras, vifs, plus 6 journées par an avec leurs chevaux et charrettes, soit pour voiturer les matériaux nécessaires aux réparations dudit moulin et dépendances, ou pour autres choses.

Ces conditions étaient rigoureuses, aussi de Neufchâtel ne put terminer son bail et, le 30 janvier 1745, il cède son droit « au restant de son bail à courir », à Pierre Flon, meunier au moulin de Nevers (acte Cordelier). Ce dernier, ses fils et petit-fils continuèrent à l'exploiter jusqu'en 1806. Confisqué à la Révolution sur les dames de Faremoutiers et mis en vente, il fut acquis par Louis Lemrez, marchand de bois et maire, demeurant à la Ferté-Gaucher, moyennant 14 900 liv. t.

Il devint ensuite et successivement la propriété de MM. Jean Pochet, Gosme, et Bertrand, tanneur au Pecq, et fut détruit par un incendie en 1874.

En 1899, il appartenait à M. Camus, qui supprima le vannage formant retenue et démolit les bâtiments. Son emplacement fut acquis par la Société du Marais qui le céda, au cours de l'année 1902, à M. Bourguignon Ludovic.

67. — Moulin des Ramonets

(Commune de Jouy-sur-Morin).

Ce moulin est bâti sur la rive gauche de la rivière, à 680 mètres en aval du moulin du Petit-Montblin.

C'était une dépendance de l'abbaye de Faremoutiers. On le trouve cité dans un bail à cens, surcens et rente du 22 mars 1740, consenti par les religieuses de Faremoutiers, moyennant 8 liv. t. de cens et rentes.

A cette époque, il était en ruines, ainsi qu'en témoigne le dispositif du bail, ci-après :

« 1° Une isle et place, située aux Ramonets, plus une place « adjacente à la place cy-dessus.

« 2° 1 quartier 1/2 de terre en prés et *mazure* où était « cy-devant un : moulin nommé de Fontignère.

« 3° Etc. »

Il fut plus tard reconstruit comme moulin à blé et de 1856 à 1863, il était exploité par son propriétaire, M. Bertrand.

En 1899, il devint la propriété de M. Camus, meunier, qui continue à l'exploiter.

68. — Moulin du Petit-Montblin

(Commune de la Ferté-Gaucher).

C'est un moulin à blé, situé sur la rive gauche du Morin, à 680 mètres en amont du moulin des Ramonets; son nom ne viendrait-il pas de Mons Belenus, mont du Soleil, mont Belin et par corruption Montblin?

On le trouve cité dans un aveu et dénombrement fait en l'année 1526, par l'abbaye de Faremoutiers, dans lequel on lit : « Item. Nous et ledit Vassal (de Bonneval) avons en « rivière du Morin depuis ledit ru d'Epinay[1] et le moulin « Bazobart, jusques et près une fontaine vers ledit Jouy avec « tous droits de pêcheries et faire moulins nouveaux » (Inventaire des titres de l'abbaye de Faremoutiers, H. 447; p. 945. *Arch. dép.*).

Il est en outre cité dans une déclaration des fiefs de la Brie, établie vers 1540 de la façon suivante : « Un moulin, à blé (appartenant aux Bonneval et à l'abbaye de Faremoutiers), étant près la séparation de Jouy et de Monblins à censives communes, dont lesdits sieurs de Bonneval n'ont que 5 sols de cens et surcens pour leur part » (Note de M. l'abbé Vernon).

En 1811, c'était encore un moulin au petit sac. Il appartenait en 1830 à M. le baron de Saint-Geniez, puis en 1853 à MM. Gosme et Guyot, et en 1900 à M. Pierre Sassot, qui a aujourd'hui pour locataire M. Trameçon, qui l'exploite.

Une turbine américaine de la maison Brault, Tisset et Gillet y fait mouvoir cinq broyeurs et un convertisseur.

1. Aujourd'hui appelé : Ru de Timbard.

69. — Moulin de Nageot
(Commune de la Ferté-Gaucher).

C'était anciennement un moulin à papier, puis un moulin à tan, situé sur la rive gauche de la rivière, à environ 379 mètres en amont du moulin du Petit-Montblin.

Il est cité dans un arrêt de la Cour des aides du 16 juillet 1627, dans lequel on lit :

« Louis, par la grâce de Dieu, roy de France et de Navarre, « au premier des huissiers de nostre cour des aydes ou autre, « nostre huissier ou sergent sur ce requis salut : Comme ce « jourd'hui veu par nostre dicte cour l'instance pendante « entre Anthoine Foucquet, ouvrier papetier, juré en l'Uni- « versité de Paris, demeurant au moulin de Nageot, près la « Ferté-Gaucher » (C-C.-12, nº 26. *Archives de l'Université*).

Il appartenait à la fabrique de la Ferté-Gaucher, et a été vendu, le 19 juillet 1793, à M. Naret, marchand tanneur à Sézanne, moyennant 4 575 liv. t. (Nº 44. L. 6. *Arch. dép.*).

En 1851, il appartenait à MM. Guyot et Barbier. Il tomba en ruines en 1898, et disparut entièrement peu de temps après.

La retenue fut mise en vente le 17 novembre 1898 par les héritiers Naret (adjudication passée devant Mᵉ Bétoux, notaire à la Ferté-Gaucher).

70. — Moulin des Grenouilles
(Commune de la Ferté-Gaucher).

Il est situé en aval du moulin Janvier, et à 1 587 mètres en amont du moulin du Petit-Montblin ; il appartient à M. Ouvré, mais ne fonctionne plus pour le moment.

Il existait autrefois au même endroit, sur la rive gauche, un moulin à blé, qui appartenait, en l'an IX, au sieur Lucas, et sur la rive droite un moulin à tan, appartenant à la même époque à M. Devert-Dorger. Ces derniers avaient profité des troubles de l'époque pour exhausser, sans autorisation, le déversoir commun à leurs deux usines, mais, le calme revenu, l'administration leur enjoignit de le ramener à son ancien niveau (arrêté préfectoral du 13 vendémiaire an IX, et arrêtés du Conseil de Préfecture des 29 frimaire et 8 nivôse an IX).

Il paraît que le moulin à blé était autrefois un moulin à foulon (3. S. 62-64. *Arch. dép.*). Quant au moulin à tan, il appartenait, en 1840, aux héritiers Devert, et fut vendu au tribunal civil de Coulommiers le 30 mars 1840, à M. Godet-Poupart.

Dans le lit du Grand-Morin, entre le moulin des Grenouilles et celui de Nageot, on voyait, paraît-il, avant la Révolution, des vestiges de construction sur un emplacement où avait existé autrefois un moulin, et M. Jean Simon, propriétaire de cet emplacement, y avait fait construire, en l'an VI, un moulin à huile qui donna lieu à réclamation de la part des propriétaires des moulins inférieur et supérieur. M. Simon prétendait que ce droit résultait pour lui d'une déclaration à terrier faite devant Houldry, notaire à la Ferté-Gaucher, le 7 août 1671, et d'un certificat délivré par les cy-devant administrateurs municipaux du canton. De la déclaration précitée, il ressortait que « Catherine Rapoil, veuve de Nicolas Privé de la Ferté-Gaucher, tant en son nom personnel, qu'au nom de ses enfants... qu'elle est en possession d'un moulin à huile consistant en maison manable, grange, étable, cour, jardin, assis sur la rivière du Morin, près *Cordelin*, et diverses pièces de terres, loués par bail à rentes à Claude Cadet, passé devant Me Houldry, notaire à Jouy, le 13 septembre 1665, chargé de 21 sols de cours d'eau par an ».

Malgré ces titres, l'administration contestait au sieur Simon le droit de rétablir un moulin en ce point, considérant qu'il n'avait pas la chute suffisante pour le faire mouvoir et, par arrêté du 13 frimaire an XII, il fut enjoint à Simon de baisser ses vannes et déversoir et de les ramener au niveau du dessus du souillard du moulin Janvier ou d'en bas appartenant aux citoyens Devert et Lucas.

Il était en outre condamné à 100 francs d'amende pour avoir construit un moulin sans autorisation (3. S. 63. *Arch. dép.*). Cet arrêté équivalait à la ruine du moulin du sieur Simon. Aussi sa disparition ne tarda guère.

71. — Moulin Janvier

(Commune de la Ferté-Gaucher).

En l'an VII, c'était un moulin à huile appartenant à Louis-Joseph Janvier. En l'an XI, Janvier étant mort, sa veuve Marie-Antoinette Bourjot demande à l'administration départementale l'autorisation de se servir d'une partie du vannage de décharge pour y former la vanne mouloire d'un nouveau moulin à blé qu'elle a l'intention de faire construire. En l'an XII, le sous-préfet de Coulommiers rend compte au préfet que le « chétif moulin à huile d'autrefois a été rem- « placé par un moulin à blé, bâti sans autorisation par la « veuve Janvier qui, subrepticement, avait, sans attendre « ladite autorisation, fait exécuter les travaux nécessaires ». Cette autorisation lui fut cependant accordée le 26 vendémiaire an XII, mais elle ne lui était plus utile (3. S. 62. *Arch. dép.*).

Aujourd'hui (1905) c'est encore un moulin à blé, appartenant à Mme veuve Buisson; il est muni d'un broyeur quadruple et de 2 convertisseurs simples. Il est exploité par M. Leduc.

72. — Moulin de la Ville à la Ferté-Gaucher.

C'est un moulin très ancien, bâti sur la rive droite du Grand-Morin. Il existait déjà au XIIe siècle. Il est cité dans une donation faite, en l'année 1195, aux Templiers de Coutran, par Robert de Villefleur, d'une rente d'un muid de grain à prendre sur le moulin d'Arseit à la Ferté-Gaucher. Cette donation fut confirmée en mai 1202 par Louis, comte de Blois (Inventaire des titres de la commanderie de Coutran).

En 1220, Jean de Montmirail fait don à l'Hôtel-Dieu de Provins d'une rente de 2 muids de froment à prendre sur son moulin de la Ferté-Gaucher (Hôtel-Dieu de Provins, B-2).

Enguerrand de Coucy, seigneur de Montmirail et de la Ferté-Gaucher, fait à son tour don à l'Hôtel-Dieu de Provins d'une rente de 25 s. t. à prendre encore sur ses moulins de la Ferté-Gaucher, le jour de la Purification (Dom Toussaint Duplessis, *Hist. de l'Eglise de Meaux*, tome II, p. 186). Toutes ces donations réunies constituaient une très lourde charge pour ledit moulin. C'était d'ailleurs un moulin banal dont le droit de chasse et queste s'étendait aux paroisses de la Ferté-Gaucher, Leudon et Chartronges; mais tantôt sa banalité était commune avec celle du moulin Guillard, qui s'étendait sur les paroisses de Saint-Martin-des-Champs, Saint-Barthélemy et Saint-Mars; tantôt, au contraire, la banalité restait commune entre ces deux moulins dans les six paroisses; mais dans les deux cas elle donnait lieu à des querelles : soit que les banniers voulussent s'y soustraire, soit que les meuniers se livrassent entre eux à une concurrence déloyale. C'est ce qui donna lieu, en 1698, à une petite aventure que nous racontons au moulin de Guillard et dont le héros fut François Viel, prêtre et curé de Saint-Martin-des-Champs.

Malgré toutes les ruses employées par les meuniers, leur métier ne les enrichissait pas, et ceux du moulin de la Ville étaient logés à la même enseigne : ainsi, le fermier général du domaine de la Ferté-Gaucher donne le moulin de la Ville à bail à Camus, pour dix-huit mois à partir du 1er juillet 1693. Ce ne pouvait être que la fin d'un bail que n'avait pu terminer le précédent meunier car, les dix-huit mois expirés, Camus fait place à Joseph Bouteroue. Il est évident que ces fréquentes mutations ne préjugeaient pas en faveur de la réussite des affaires des meuniers.

En général, les baux partant du 1er janvier obligeaient le

meunier à ne percevoir, dans les années où la cherté des grains atteignait 35 sols le boisseau racle ou 40 sols le boisseau comble, que le 16e on même le 17e boisseau lorsqu'il y avait 2 septiers d'une fois, ou à se contenter au choix du meulant de 2 sols 6 deniers par boisseau comble et de 2 sols par boisseau racle.

73. — Moulin de la Maison-Dieu

(Commune de Saint-Martin-des-Champs).

Il est bâti sur la rive gauche de la rivière, et provient du prieuré de la Maison-Dieu; c'était autrefois un moulin à blé dépendant de l'abbaye de Molesmes.

Confisqué à la Révolution, il fut acquis le 7 mars 1791, par le sieur Lemrez de la Ferté-Gaucher, moyennant, avec d'autres immeubles, la somme de 18 700 livres. Il appartint successivement à Desarbres, propriétaire (1822), puis à Savant-Rousset, marchand de pelleteries à Paris (1844). Enfin, dans ces derniers temps, il appartenait à Mme Jacquin, dont le mari, colonel, commandait le 54e régiment d'Infanterie à Compiègne. Il a été transformé en une fabrique d'outils de quincaillerie et est exploité par un nommé Fournier, qui y a installé en outre une machine à vapeur de la force de 8 chevaux.

74. — Moulin de Guillard

(Commune de Saint-Martin-des-Champs).

Ce moulin, établi sur la rive gauche de la rivière, est très ancien. Il est cité dans un état des propriétés de la Commanderie de Coutran comme appartenant pour la 4e partie aux Templiers (Mannier, *Ordre de Malte* : Les commandeurs du Grand Prieuré de France. — Bibliothèque nationale, L. II b, G. 5, p. 217 à 220).

C'était aussi un moulin à blé banal où les habitants de

Saint-Martin-des-Champs, Saint-Barthélemy, Saint-Mars, Leudon, Chartronges et la Ferté-Gaucher étaient tenus de faire moudre leurs grains, par moitié avec celui de la seigneurie de la Ferté-Gaucher.

En 1698, le curé de Saint-Martin, François Viel, tenta d'échapper par la ruse à l'obligation de la banalité en envoyant moudre son grain au moulin de la Maison-Dieu; sa farine et l'âne qui la portait furent saisis, il y eut procès, mais une transaction avec le meunier de Guillard mit fin à la contestation.

Comme nous l'avons déjà dit, l'élévation du tarif de mouture soulevait aussi des difficultés. Le meunier de Guillard, vers le même temps, résolut de moudre au rabais; mais son confrère de la Ferté-Gaucher s'en émut et il y eut procès; une transaction partagea entre eux les paroisses soumises à la banalité de chacun d'eux (B. 322. *Arch. dép.* — Minute du notariat de la Ferté-Gaucher. Honnet, 1er mai 1685, etc.).

Confisqué et vendu à la Révolution, il était en 1856 la propriété de M. Faverolles, qui l'exploita jusque vers 1880. Il passa ensuite entre les mains de M. Laplaige, qui y a fait installer une turbine Fontaine-Baras, qui actionne un cylindre, un convertisseur, un broyeur et un désagrégeur.

75. — Moulin de Saint-Martin-des-Champs.

C'était autrefois un moulin à huile situé sur la rive gauche de la rivière, vis-à-vis l'embouchure du ru de Saint-Martin (rive droite). Il appartenait en 1856 à M. Simon.

Il a disparu depuis un certain nombre d'années.

76. — Moulin de la Fosse
(Commune de Lescherolles).

Ce moulin est très ancien : on le trouve cité dans un accord passé entre les Templiers et Guy de Monthier, chevalier, en septembre 1243, au sujet de la réparation de la chaussée du Vivier de Marolles.

Par cet accord, Guy de Monthier donnait à rente aux Templiers, moitié du moulin de la Planche-Oudin sur l'Aubetin, et 1/3 du revenu du moulin de la Fosse, moyennant 3 muids d'avoine de rente, mesure de Coulommiers (*Inventaire des titres de Chevru*, p. 268).

Il est resté jusqu'à ce jour moulin faisant de blé farine. Il passa (1852) entre les mains de M. Poupart-Blasque, puis de MM. Ouvré (1866) et Chenuaz (1872) ; il appartient aujourd'hui à M. Déciry et est exploité par M. Tourneur. Il est muni de 3 paires de meules.

77. — Moulin de la Chapelle-Véronge.

L'abbaye de Rebais possédait, dès 1134, deux moulins à la Chapelle-Véronge.

1° Celui de Cormaïot (alias Cormeaux), situé près du hameau de ce nom, au-dessus du pont actuel, et qui fut détruit, dit-on, par un incendie en l'année 1711.

Dans le courant de l'année 1824, le sieur Daguet Jean-Etienne-Médard, entrepreneur de travaux publics à Signy-Signets, fit une demande à l'administration préfectorale pour construire un moulin à blé, à Cormeau, dans une île du Grand-Morin lui appartenant et située à l'emplacement actuel des ruines de l'ancien moulin de Cormeaux. L'administration lui répondit que cette autorisation ne pourrait lui être accordée qu'autant qu'il apporterait le consentement des propriétaires des rives du cours d'eau en face l'île. Cette demande n'eut vraisemblablement pas de suite.

2° Le moulin de Véronge, ainsi qu'il résulte d'une bulle du pape Innocent II, adressée à l'abbé Noël de Rebais, par laquelle il déclare que les abbés de ce lieu relèvent du Saint-Siège seul et confirme leur juridiction sur les cinq paroisses de : Saint-Léger, Saint-Denis, Saint-Jean et Saint-Nicolas (de Rebais), la Trétoire, et ratifie la validité des possessions de l'abbaye comprenant : le bourg de Rebais avec ses dépendances, dixmes, serfs, prés, droit de pêche dans le Morin; des ponts et moulins, les villages de la Chapelle-sur-Morin (aujourd'hui la Chapelle-Véronge), Cormaïot et Meilleray (Dom Toussaint Duplessis. Tome II. Pièces justificatives, p. 27 de l'*Histoire de l'Église de Meaux*).

Confisqué à la Révolution, il fut vendu le 6 juin 1791, avec diverses parcelles de terre, à Verdier Louis, laboureur au Bois-Saint-Pierre ou Saint-Père (commune de Meilleray), moyennant 26 200 livres. A cette époque il était loué à Pierre Roche, par bail du 1er mars 1789, passé devant Me Séguin, notaire à Rebais, moyennant 798 ₶ et 6 canards. Verdier dut résilier son acquisition à Roche, car en 1830 ledit moulin était la propriété des héritiers Roche, qui le possédaient encore en 1855.

Ce moulin a également disparu dans ces dernières années.

78. — Moulin de Court ou du Cours

(Commune de Villeneuve-la-Lionne).

Situé dans le département de la Marne (près la limite de Seine-et-Marne), commune de Villeneuve-la-Lionne, sur la rive gauche de la rivière, c'est actuellement un moulin à blé muni de trois appareils à cylindre.

Il appartenait en 1389 à Jean Foynon, dit le Bâtard, seigneur de Pothiers, qui le 9 février de ladite année rend aveu à Raoul de Coucy, seigneur de la Ferté-Gaucher, de divers biens et entre autres choses : « le produit de la rivière du moulin du Cours ».

Le 27 avril 1595, dame Claude de Chandin, veuve de Olivier de Soissons ou Sessons, rend foi et hommage des mêmes biens à Charles-Robert de la Marche, duc de Bouillon, prince souverain de Sedan et seigneur de la Ferté-Gaucher.

Le 9 septembre 1597, c'est Aloph de Beauveau qui rend

le même aveu pour les mêmes biens, au même seigneur, par suite de son mariage avec Louise de Soissons, qui les lui avait apportés en dot (*Histoire du canton d'Esternay*, par l'abbé Boitel, p. 588 et suiv.).

79. — Moulin de Meilleray.

Il est bâti sur la rive droite de la rivière.

C'était autrefois un moulin à blé dépendant de la mense de l'abbaye de Rebais, sur laquelle il fut confisqué à la Révolution et vendu le 2 mai 1791, pour 13 600 livres, à M. Devalance, Jean-Charles, qui l'exploitait précédemment comme locataire, suivant bail du 1er mars 1789, passé devant Me Seguin, notaire à Rebais, moyennant 800 livres par an et 6 canards (42. D. *Arch. dép.*).

Il devint plus tard et successivement la propriété de MM. Henry frères (1856), Henri (1874) et Oudin (1892).

Actuellement, il ne fonctionne plus.

Moulins situés dans le Département de la Marne.

Il existait autrefois sur la rivière du Grand-Morin, dans le département de la Marne, les moulins suivants :

1° Le moulin de Court (commune de Villeneuve-la-Lionne) ;

2° Le moulin du Couvent de Belleau, rive gauche (commune de Villeneuve-la-Lionne) ;

3° Le moulin des Hublets, rive gauche (même commune) ;

4° Le moulin du Pont de Mœurs, rive gauche (commune de Mœurs) ;

5° Le moulin du Val-Dieu, rive droite (commune de Verdey) ;

6° Le Petit-Moulin, rive droite (commune de Lachy) ;

7° Le Grand-Moulin de Lachy.

De plus, on trouvait encore, sur les affluents du Grand-Morin, les usines suivantes :

1° Le moulin de Verdey, sur une source (ruisseau de Verdey) ;

2° Le moulin de Mœurs, sur le ruisseau de Mœurs ;

3° Le moulin de Lettre (commune d'Esternay), sur le ruisseau de la Noue ;

4° Le moulin de Nogentel (commune de Neuvy), sur le ruisseau de l'Etang de la Ville ;

5° Le moulin Le Comte à Joiselle, sur le ruisseau de la source Le Comte.

78. **Moulin de Court.** — Nous avons déjà cité ce moulin, nous n'en reparlerons donc pas.

80. **Moulin du Couvent de Belleau.** — En 1235, Mathieu de Montmirail demanda à l'abbé de Vertus la permission d'élever le couvent de Belleau ; celui-ci y consentit à condition qu'il le doterait de 10 arpents de terre et de 7 septiers de blé à prendre sur son moulin de Belleau et de diverses autres offrandes (*Histoire du canton d'Esternay*, par l'abbé Boitel, p. 401). Le moulin et le couvent ont disparu depuis longtemps.

81. **Moulin des Hublets.** — C'était un moulin à blé dépendant autrefois de la seigneurie de Réveillon. Il fonctionne encore pour la mouture du blé et est muni de deux appareils à cylindre.

82. **Moulin du Pont de Mœurs.** — Vers 1180, l'abbaye de Marmoutiers avait, sur le moulin de Mœurs, des droits qui avaient été cédés à cette époque à Hugues de Broyes, moyennant 40 sols à percevoir chaque année sur le tonlieu du marché de Broyes (Bibliothèque de l'Ecole des Chartes, 5. Série IV, 463).

C'était un moulin à blé qui a disparu depuis longtemps. Il a été remplacé par une exploitation agricole appartenant à la famille Simonnet, qui l'avait acheté, vers 1852, de M. James, entrepréneur de travaux publics demeurant à Épernay.

C'est immédiatement au-dessous de ce point qu'une partie des eaux du Grand-Morin est dérivée pour alimenter la ville de Sézanne.

83. **Moulin du Val-Dieu.** — C'est un moulin à farine, dépendant autrefois du domaine de Verdey, qui fut vendu, le 27 avril 1294, par Edmond d'Angleterre et sa femme Blanche d'Artois à l'abbaye de Montier la Celle, moyennant 4000 livres (*Histoire de Sézanne*, par l'abbé Millard, p. 163).

Le 23 janvier 1385 (vieux style), dans un accord entre le Val-Dieu et les chanoines de Saint-Nicolas de Sézanne, les religieux du Val-Dieu disent que leur moulin fut détruit par les guerres (Archives de la Marne).

Actuellement, en raison de la pénurie d'eau, il ne fonctionne que par intermittence.

84. **Petit-Moulin de Lachy.** — C'était autrefois un moulin à blé dont les bâtiments existent encore, mais qui a cessé de fonctionner depuis tantôt 25 ans.

85. **Grand-Moulin de Lachy.** — Ce moulin remonte à une haute antiquité; il est cité dans une charte de 1164, donnée par Henri le Libéral, comte de Troyes. Dans cette charte, ce prince concède aux chanoines, qu'il a établis dans l'église Saint-Julien de Sézanne, le pouvoir de posséder sans payer de cens et de servitude ce qu'ils ont acheté de leurs propres deniers, savoir : à Sézanne, « le Grand-Moulin de Lachy acheté aux héritiers de Lachy... ».

Dans la liste des vassaux de la châtellenie de Sézanne dressée en 1172, on voit : « les enfants Bers de Lachy, Herman, Adam et Jean de Lachy, possédant un moulin à Lachy ».

Dans une charte donnée à Orbais en mars 1267, Thibault V de Champagne déclare que, pour le remède de son âme et pour accomplir la dernière volonté de son père, il donne aux frères de l'ordre du Val des Choux près du parc de Lachy, entre autres biens : un étang à Mœurs, la moitié du moulin de Lachy, etc. (*Histoire de Sézanne*, par l'abbé Millard, p. 160).

Depuis longtemps, il a complètement disparu.

86. **Moulin de Verdey.** — C'est un moulin à farine situé sur le ruisseau de Verdey, à quelques mètres de l'immergence d'une source. Il est muni d'une seule paire de meules.

87. **Usine de Mœurs.** — C'est actuellement une fabrique de verres d'optique. Elle est située près d'une source sur le ruisseau de Mœurs.

88. **Moulin de Lettre.** — Moulin à farine bâti sur le ruisseau de la Noue, alimenté par la source du Vivier. Il y avait autrefois, en amont du moulin de Lettre, sur le même ruisseau de la Noue, un autre moulin appelé le moulin de la Noue. Ce ruisseau de la Noue, qui s'appelle aussi le ru d'Arcan (fons arcanus, source cachée), aurait été creusé pour assainir le pays (*Histoire d'Esternay*, par l'abbé Boitel, p. 281).

89. **Moulin des Anses.** — Il était situé au Vivier et était actionné par les eaux qui semblaient sortir de dessous la chapelle du Vivier. Il est détruit depuis longtemps, l'étang qui l'alimentait ayant été desséché en 1670.

90. **Moulin de la Hart.** — Mû par les eaux des étangs de la Hart et de Châtillon, il fut détruit en 1834, par suite du dessèchement des étangs de ce nom.

Aux abords d'Esternay, il existait autrefois (XVIe siècle) un moulin à foulon qui était désigné, paraît-il, sous le nom de Courcilly, qui signifie lieux cultivés par la charrue : cort, cortis (basse latinité), court, curtis, et sur lequel le seigneur d'Esternay prélevait des dîmes.

91. **Moulin de Nogentel.** — Il existe à Neuvy, sur le ruisseau de l'Etang de la Ville, un moulin à blé muni de deux paires de meules, qui est en chômage depuis 1894.

92. Enfin le **moulin Le Comte,** commune de Joiselle, est situé sur le ruisseau alimenté par la source jaillissante de ce nom.

II. — Moulins ayant existé sur les affluents du Grand-Morin.

Un grand nombre de moulins à blé existaient également sur les affluents de cette rivière.

Nous n'entrerons pas dans beaucoup de détails à leur égard, cela nous entraînerait trop loin; nous nous contenterons de les faire connaître succinctement par cours d'eau.

93. **Ru de Coupvray.** — Il a existé autrefois un moulin à blé sur ce cours d'eau.

94. **Ru de Champigny.** — Le moulin de ce nom, ou encore de la Rouette, aujourd'hui détruit, faisait autrefois partie du domaine de Ségy et appartenait au chapitre de Meaux. C'était un moulin au petit pot; il a existé jusque vers 1850 (G. 62, *Arch. dép.*). Son origine est très ancienne; en mai 1235, il en est fait mention dans une acquisition faite par le chapitre de Meaux, de Jean Goulé, de deux septiers de blé à prendre sur ledit moulin.

Le 30 juillet 1401, le Châtelet de Paris rend une sentence contre Jean Monbiliart, qui avait détourné le cours de l'eau. En février 1582, le chapitre le donne à bail emphytéotique pour 96 ans à Charles de Meaux, seigneur de Charny et de Quincy, avec la seigneurie de Ségy, moyennant une rente de 22 liv. t., plus les charges. Ce bail fut renouvelé en 1678, pour le même laps de temps, moyennant 36 liv. t., à messire de Briquemant, seigneur de Quincy, auquel succéda en 1682 Thierry Sevin, seigneur du même lieu.

En 1777, il était loué à Pasques Perrot moyennant 150 liv. t.

(Inventaire des titres du Chapitre de Meaux). Il était affermé, en 1790, à Jean-Pierre Colet, moyennant 353 fr. 33.

Confisqué à la Révolution, il fut vendu, comme bien national, en l'an IV, moyennant 14 000 francs, à Ducellier, qui le tenait à emphytéose, mais, sans que nous en connaissions la raison, la vente ne fut pas réalisée à cette époque et ledit moulin, remis en vente le 30 mars 1812, fut adjugé au même Jean-Baptiste Ducellier, ancien cultivateur, demeurant à Chaumes, moyennant 7 843 fr. 33.

Aujourd'hui il n'en reste plus que des ruines, qui font de ce lieu mélancolique un paysage calme, mais d'un charme pénétrant.

95. **Ru de Vaudessart.** — Le moulin dit du Choisel, à la Chapelle-sur-Crécy (moulin construit en bois), n'existe plus depuis longtemps. En 1630, Clérembault, le Bourguignon, seigneur de Mongrolle (la Chapelle), baille à rente à Bertrand Vallet, charpentier à Chalifert, et à Jeanne Dupas, sa femme, « le moulin à bled du Choisel, paroisse de la Chapelle, « avec les logis en dépendant, terres, vignes, étangs, le cours « de l'eau, etc., moyennant 24 liv. t. et 2 chapons, plus un « gâteau de 60 s. t., le jour des Rois » (E. 1720. *Arch. dép.*).

96. **Ru de Binel.** — Le moulin à pot de Sainte-Avoye (commune de Dammartin-sur-Tigeaux) figure dans des lettres royales de 1144 et dans des bulles relatives aux possessions de l'abbaye de Faremoutiers.

En 1811, c'était encore un moulin au petit sac ou à la monnée.

Il a aussi disparu.

RIVIÈRE D'AUBETIN

Il existait, il n'y a pas encore bien longtemps, sur cette rivière, 25 moulins fonctionnant plus ou moins régulièrement; c'étaient les suivants :

Du Gué-Plat, de Certiaux, de la Vendrie ou de la République, du Petit-Poncet ou de la Folie, ou Jacquot, du

Grand-Poncet situés sur le territoire de Pommeuse; du Moulinet, des Iles ou de Farvache, de Bréard ou de Bréjard, d'Epaillard sur Saint-Augustin; de Misetou et de Laval ou des Couteaux sur Mauperthuis; de Maingerard, Nouveau, de Planche-Oudin, de Mussien, de Grognard, de la Roulotte et de Niveté, sur Saints; d'Amillis, de Pisseloup, commune d'Amillis; d'Aubetin, commune de Dagny; de Chassefaim, commune de Beton-Bazoches; de Champcouelle

VIADUC DU GUÉ-PLAT SUR L'AUBETIN, A POMMEUSE

et du moulin Brûlé, commune de Villiers-Saint-Georges; et du Pont-de-Pierre (département de la Marne, commune de Saint-Genest).

Nous allons donner quelques renseignements sur chacun d'eux.

97. **Moulin du Gué-Plat.** — C'était autrefois une dépendance de l'abbaye de Faremoutiers dont les religieuses passent bail le 4 août 1567, moyennant 17 liv. t. par an « du moulin à fouler draps, sis à Pommeuse au-dessous du Gué-Plat » (Inventaire des titres de l'abbaye de Fare-

moutiers). Au XVIIe siècle, le moulin à foulon avait disparu pour faire place à un moulin à blé. En 1811, on y moulait à la parisienne. Mis en chômage en 1891, il a passé entre les mains de MM. Quillard, Collinet. Actuellement il appartient à M. Hersent de Paris, qui y a installé une laiterie.

98. **Moulin de Certiaux.** — Il était situé entre les moulins du Gué-Plat et de la Vendrie et appartenait en 1750 à Pierre Roussel et à sa femme qui, par un acte du 10 mai 1750, reconnaissent être propriétaires de partie de deux îles appelées le moulin Certiaux, contenant 1/2 arpent environ, sur lesquelles ils reconnaissent que les dames de Faremoutiers ont droit de prendre par chacun an la somme de 4 liv. t. 10 s. de surcens et rente seigneuriale (Inventaire des titres de l'abbaye de Faremoutiers, p. 1425. H. 448. *Arch. dép.*).

99. **Moulin de la Vendrie ou de la République.** — Ce moulin appartenait en 1857 à M. Pochard, puis en 1866 à M. Closgenson. Il appartenait en 1898 à M. Gobron, entrepreneur de maçonnerie à Pommeuse, qui a enlevé tout le matériel de meunerie, y compris la roue motrice.

100. **Le Petit-Poncet.** — Moulin très ancien : il est déjà cité dans un bail du 21 novembre 1384 d'un clos situé devant le petit moulin du Poncet appartenant au Trésor de l'abbaye de Faremoutiers (Inventaire des titres de l'abbaye). Le 22 octobre 1498, les religieuses de Faremoutiers songent à élever en cet endroit un moulin à papier et un moulin à huile et les cèdent à bail à vie; mais il est probable que cette construction n'eut pas lieu ou qu'elle fut détruite peu de temps après, car dans un accord passé le 15 mars 1517, il est dit que le moulin à papier n'existe plus (H. 448. *Arch. dép.*). Il fut sans doute transformé en moulin à drap, car vers 1534, « Millet Denis, « foullon, demeurant au Poncet, et Jehanne Petit, sa femme, « possédaient 3 parties dont les 5 font le tout, d'un moulin à « drap assis au Poncet avec une maison derrière couverte de « gluy... en censive de l'abbaye de Faremoutiers » (H. 455. *Arch. dép.*). Thomas Petit dit Haquin, foullon, demeurant au Poncet, et Marguerite Boussois, sa femme, possèdent

la cinquième partie et Jehan Petit, son père, tenait l'autre cinquième. De 1540 à 1545 l'abbaye de Faremoutiers racheta le moulin de ceux qui le détenaient. En 1570, il était devenu moulin à huile. Il fit partie du domaine de l'abbaye de Faremoutiers jusqu'à la Révolution.

En 1901, il appartenait à M. Bombled, qui a réuni les deux chutes du Grand et du Petit-Poncet pour faire mouvoir des

VIEUX PONT DU PONCET SUR LA RIVIÈRE D'AUBETIN

machines au moyen d'une turbine prenant l'eau par un tuyau à l'étang en amont du Grand-Poncet. On y fabrique de grosses machines-outils pour la marine, les chemins de fer, la guerre, etc.

101. **Le Grand-Poncet.** — C'était aussi une dépendance de l'abbaye de Faremoutiers, et, si l'on en croit le testament de sainte Fare du 7 des ides d'octobre 632 (dont l'authenticité est fort contestable, mais qui est une copie plus ou moins exacte du XIe siècle), son établissement remonterait au moins à cette époque. Ce testament énonce les biens donnés au couvent de Faremoutiers; il comprend un moulin à farine,

situé en Brie sur la rivière d'Albe (l'Aubetin). Les lettres de Louis VII confirmant, en 1144, les possessions de l'abbaye mentionnent le domaine d'Eboriac, moulin, etc. (H. 446. *Arch. dép.* Inventaire des titres de l'abbaye de Faremoutiers).

La bulle confirmative du pape Eugène III du 3 des nones de janvier 1145 porte : « Le Poncet où l'abbaye possède une

UN COIN DE LA RIVIÈRE D'AUBETIN

ferme et moulin; Dammartin avec les moulins; Tresmes où l'abbaye a moulin et pressoir, etc. ». Le 9 août 1466, l'abbaye de Faremoutiers donne à rente l'emplacement du moulin à blé du Poncet, en ruines, à charge d'y reconstruire un moulin à blé, moyennant le cens et en plus un surcens de 40 liv. t.

Le 15 mars 1477 les religieuses de Faremoutiers passent bail, à Mathurin Ode, du même moulin.

Le 27 avril 1499, intervient une transaction entre les religieuses et les habitants de Saint-Augustin à raison de l'étang, la chaussée et le gué dudit moulin. Les habitants s'engagent à reconstruire la chaussée de l'étang qu'ils avaient démolie sous la condition que l'abbaye ne pourra l'exhausser, mais qu'elle aura la faculté d'y avoir un moulin.

Le 27 juillet 1522, les dames de Faremoutiers rendent aveu du moulin banal du Poncet.

Le 14 juin 1563, les religieuses passent bail devant Hubert, substitut de Crécy-en-Brie, à Jehan Varlet, meunier au Poncet, du moulin à blé banal du Poncet sur l'Aubetin au-dessous de la chaussée, moyennant 11 muids de blé mouture.

Le 29 janvier 1603, une sentence contradictoire du Châtelet est rendue au profit de l'abbaye de Faremoutiers contre Pierre Le Moine, demeurant au Charnoy-en-Brie, au sujet de la banalité des moulins du Poncet et de Tresmes, dans laquelle il est dit que le défendeur sera tenu à l'avenir d'aller moudre auxdits moulins banaux et non ailleurs, sous peine d'amende arbitraire, saisie, confiscation des grains. Le moulin continua à moudre le blé jusqu'en 1875, époque à laquelle il fut laissé en abandon.

C'est en 1893 que M. Carré, chimiste-électricien, inventeur des premières machines à fabriquer la glace et crayons de charbon pour usages électriques, vint y établir un laboratoire d'expériences. A sa mort, arrivée en janvier 1900, M. Bombled s'en rendit acquéreur; il y établit une turbine qui, avec l'ancienne roue, actionne deux dynamos qui produisent l'électricité destinée à l'éclairage du bourg de Faremoutiers et de l'usine du Petit-Poncet.

102. **Moulin du Moulinet.** — Ancien moulin à blé qui appartenait autrefois à la famille de Montesquiou. En 1835, il était la propriété de M. Durocher.

Actuellement il est en chômage et appartient à M. Chevance, boulanger, qui l'habite.

103. **Moulin de Farvache, Fervache ou des Iles.** — C'était autrefois une dépendance de l'abbaye de Faremoutiers. Suivant un bail du 9 août 1466, il existait en cet endroit un moulin à blé en ruines. La location était faite sous la condition d'y

construire un moulin tel que bon semblera au preneur, excepté à blé, et de payer 40 sols t. de surcens en outre du cens ordinaire. Sans doute qu'on y construisit un moulin à drap puisque, le 21 janvier 1565, les religieuses de Faremoutiers passent bail pour neuf années « du moulin à drap de Fervache ».

Aujourd'hui il est en chômage et appartient à M. Lefort, rentier, qui l'habite.

104. **Moulin de Bréard ou de Bréjard.** — C'était autrefois un moulin à blé appartenant au seigneur de Mauperthuis. Le 10 décembre 1540, il y a accord entre les religieuses de Faremoutiers et le seigneur de Mauperthuis, où il est reconnu que les meuniers de Bréart ne peuvent quester et chasser blé pour moudre à leur moulin.

En 1811, il moulait à la parisienne.

En 1860, il appartenait à M. Dufour de la Ruelle; il fut mis en chômage le 19 novembre 1892.

Il n'existe plus maintenant qu'un bâtiment qui sert à la culture.

105. **Moulin d'Epaillard.** — Moulin à blé faisant autrefois partie du domaine de Mauperthuis. Dans un acte du 5 décembre 1397, noble homme Gile de Vivy ou Viry, écuyer, demeurant à la Motte de Marolles, en la paroisse de Choisy, déclare tenir en fief de la duchesse de Bars, à cause de sa châtellenie de Coulommiers :

« La maison de Mauperthuis....

« Un moulin sur l'Aubetin, appelé le moulin de Paillard et la rivière au-dessus dudit moulin, jusqu'à la rivière de Fontaine... » (*Notice sur Mauperthuis*, par A. Dauvergne).

En 1811, il moulait encore à la parisienne.

Il fut vendu le 14 août 1865, avec le château de Mauperthuis, devant Panhard et Braillard, notaires à Paris, par MM. Alfred et Amédée-François Caron à M. Henri-Gabriel Cavaré, qui le transforma en scierie.

106. **Moulin de Misetou.** — En 1811, c'était un moulin à

blé. Transformé depuis en exploitation agricole, il appartient à Mme Vve Cavaré.

107. **Moulin de Laval ou des Coteaux.** — C'était autrefois un moulin à blé. Il fut vendu le 16 juin 1678 par Martin-Nicolas Hervillard, greffier de l'abbaye de Maillard, et Charlotte Cléty à Brice Lefèvre, laboureur aux Aulnois (Acte devant Fasquel, notaire à Coulommiers).

En 1811, il moulait encore à la parisienne. Il fut vendu le 14 août 1865 par M. de Mauperthuis à M. Gabriel Cavaré. Actuellement la roue motrice actionne à tour de rôle : une dynamo, une scierie, un concasseur, un pressoir, etc., appartenant à Mme Vve Cavaré, propriétaire au château des Coteaux.

108. **Moulin de Maingerard.** — Il appartenait à M. de Mauperthuis et fut vendu le 14 août 1865 à M. Gabriel Cavaré. Il ne fonctionne plus; il a été transformé en maison d'habitation par Mme Vve Cavaré, à qui il appartient aujourd'hui.

109. **Moulin Nouveau.** — A disparu déjà depuis un certain temps.

110. **Moulin de Planche-Oudin.** — Très ancien moulin, cité dans un accord intervenu le 4 septembre 1243, entre Guy de Monthier, chevalier, et les Frères du Temple, pour la réparation de la chaussée du moulin de Marolles; Guy donne aux Templiers, 1/2 du moulin de la Planche, et 1/3 de celui de la Fosse sur le Grand-Morin, moyennant une rente de 3 muids d'avoine, mesure de Coulommiers (Inventaire des titres de Chevru).

En 1860, c'était encore un moulin à blé appartenant à M. Pinguet. Depuis il a été détruit. Les bâtiments seuls ont été conservés et servent à une exploitation rurale.

111. **Moulin de Mussien.** — Au cours du XVIe siècle un fief appelé le moulin de Mussien (en arrière-fief de Pontmolin) était tenu par les Chartreux de Maillard et valait 10 livres de rente. Ce moulin appartenait en 1858 à M. Chambenois.

Il a également disparu.

112. **Moulin Grognard.** — Ancien moulin, incendié les 4-7 février 1793. Il fut reconstruit comme moulin à tan et appartenait, en 1859, à M. Dorgé, tanneur. Depuis il a disparu.

113. **Moulin de la Roulotte.** — Ce moulin à blé appartenait autrefois aux Chartreux de Paris, sur lesquels il fut confisqué à la Révolution, et vendu le 28 mars 1791, moyennant 5 400 ₶, à Pierre Macé, y demeurant.

Plus tard il a été transformé en moulin à tan, et appartenait en 1859 à M. Dorgé. Depuis il a disparu.

114. **Moulin de Niveté.** — C'était, en 1811, un moulin à blé, au petit sac. Il appartenait en 1862 à Mme Vve Nault. Actuellement il ne fonctionne plus : les bâtiments servent à une exploitation agricole appartenant à M. Chevanne.

115. **Moulin d'Amillis.** — Il n'existe plus depuis très longtemps.

116. **Moulin de Pisseloup.** — Très ancien moulin à blé, cité dans une donation de divers biens et d'un muid de blé à prendre sur le moulin de Pisseloup, faite en 1241 (1242) par les seigneurs de Montanglaust, pour fonder une chapelle à Montanglaust, du consentement du prieur de Sainte-Foy et du curé de Coulommiers (Dom Toussaint Duplessis, *Histoire de l'Église de Meaux*, t. II, p. 144).

En 1380, Jehan de Montanglaust, chevalier, rend foi et hommage au duc de Bourbon, seigneur de Coulommiers, de « la maison du Corbier à Amillis comprenant : pourpris, « fossés, prés, bois, le moulin de Pisseloup, un étang, des « vignes, etc. ». Il appartenait en 1863 à M. Rotival; il n'existe plus.

117. **Ferme d'Aubetin.** — Il a existé autrefois en cet endroit un moulin à huile. C'était une dépendance des religieux de Jouy-l'Abbaye. Aujourd'hui le moulin n'existe plus et la ferme qui a été construite en cet endroit appartient à Mme Nottin-Rouville.

118. **Moulin de Chassefaim.** — Ce moulin à blé appartenait en 1851 à Mme Tessier et en 1854 à M. le comte de Blangy. Il a été depuis transformé en exploitation agricole.

119. **Moulin de Champcouelle.** — Il aurait existé un moulin en cet endroit. Nous ignorons à quelle époque il a disparu.

120. **Moulin Brûlé.** — Moulin à blé; il appartenait en 1860 à M. Tesson, Jean-Marie, qui avait Ouvré pour meunier. Il n'existe plus.

121. **Moulin du Pont de Pierre.** — Appartenait en 1860 à M. Gibert, propriétaire à Saint-Genest. Il a également disparu.

122. — Ru de la Fontaine de la Gigardelle ou de Ricotin, ou de la Vergne

(Commune de Mouroux).

Ce moulin appartenait aux religieuses de Faremoutiers et, le 28 avril 1533, Gilles de Launoy en était détenteur et reconnaît devoir à l'abbaye de Faremoutiers une rente seigneuriale de 2 septiers de blé, un chapon et 12 deniers par suite de la permission que lui en avaient donnée les Religieuses, le 18 mai 1525, de retenir l'eau venant de la fontaine de Voisins. Le 22 avril 1591, elles font rendre une sentence par leur bailli pour le paiement de deux années échues de ladite rente.

Le 22 juin 1620, reconnaissance de ladite rente par Claude Piat au propriétaire de l'abbaye; le 20 octobre 1670, titre nouvel de la reconnaissance ci-dessus par les héritiers de Claude Piat. Le 5 février 1688, titre nouvel de la reconnaissance ci-dessus par les mêmes héritiers (Sébastien Husson et sa femme Marie Piat, Jean-François Liénard et sa femme Elisabeth Piat).

Le 24 janvier 1722, le bailli de Coulommiers condamne les héritiers de Sébastien Husson, Liénard-Piat, à passer un nouveau titre de rente. Une sentence du 17 janvier 1730 contient les mêmes dispositions en faveur de l'abbaye.

Le 18 juin 1769, transport par Elisabeth la Rousse, veuve de Jacques Liénard (fils de Jean-François Liénard), Pierre

Laurence, jardinier à Rozoy, et Marie-Louise Liénard sa femme, à Georges Husson, petit-fils de Sébastien Husson, buraliste, de la paroisse de Morou (Mouroux).

Mais à cette époque (1769) ce n'était déjà plus un moulin, il avait été transformé en ferme (Inventaire des titres de l'abbaye de Faremoutiers). Vers 1825, on y établit une fabrique de lacets qui disparut quelques années plus tard.

123, 123 *bis*, 123 *ter*. — Ru de Rognon.

Le moulin Neuf, ceux du Ru et de la Roche (commune d'Aulnoy) existaient depuis longtemps.

Celui de la Roche appartenait en 1627 à la princesse de Clèves, dame de Coulommiers; il était alimenté par une source qui depuis 1880 fournit de l'eau potable à la ville de Coulommiers.

Ils fonctionnaient encore tous les trois au petit sac vers 1834 (12, M. 37. *Arch. dép.*).

124. — Moulins de Bibartaut

(Commune de Pierrelevée).

D'après M. Rélhoré (*Commanderie de Bibartaut*), il aurait existé, vers le milieu du XIIIe siècle, un moulin à blé établi par les Templiers dans leur commanderie de Bibartaut.

Un premier moulin aurait été construit vers 1235, par les chevaliers du Temple, à la décharge du Grand Etang de Bibartaut, à la rencontre des rus de l'Etang de Saint-Denis et des Laquais, qui se jettent dans le ru de Rognon qui passe à Aulnoy et rejoint, par le ru de l'Orgeval, le Grand-Morin au-dessus de Coulommiers.

Ce moulin est cité dans un acte en latin sur parchemin, du mois d'août 1237, dont voici la teneur en français :

« Août 1237. — Acte sur parchemin et en latin, par lequel Hersende, abbesse de Jouarre, fait savoir que les frères chevaliers du Temple, d'une part, et le seigneur Gérard, écuyer, d'autre part, ayant procès entre eux, sur dommage causé dans les terres dudit Gérard à Noisement, par l'inondation des eaux de l'Etang de Noisement, dépendant de Bibartaut, les parties ont fait entre elles l'accord suivant : lesdits frères du Temple ont tenu quitte ledit Gérard d'un muid de blé qu'il leur devait et lui ont de plus donné 30 livres, au moyen de quoi lesdits frères pourront faire amender la chaussée de leur étang du moulin, appartenant à Bibartaut, et tirer à leur volonté des pierres et de l'eau, sans que ledit Gérard puisse former complainte, et que le cours de l'eau sera libre comme ci-devant et passera par la chaussée devant la porte du moulin de Bibartaut; que lesdits frères pourront faire haie de séparation dans la rivière, pour la conservation de leur poisson et de la pêche, que chacune des parties aura sur sa part de ladite rivière. Le présent acte passé l'an 1237 au mois d'août et scellé » (Inventaire de Coulommiers. *Arch. nat.*, S. 5863-64).

Ce moulin n'eut pas une longue durée, car pendant l'invasion anglaise il fut abandonné et tomba en ruines.

Mais après le départ des Anglais, le calme revint dans nos contrées, et les Templiers se mirent à réparer les dégâts survenus au cours de cette longue période de troubles. Comme l'existence d'un moulin leur était indispensable, tant pour moudre leurs grains que ceux des quelques petits cultivateurs voisins, ils en reconstruisirent un nouveau ; mais pour des raisons que nous ignorons, au lieu de le rétablir sur l'emplacement de l'ancien, ils l'édifièrent au lieu dit : le Saut d'Osche, à la décharge de l'Etang de la Porte, situé au-dessus du Grand Etang de Bibartaut.

Ce second moulin a dû disparaître vers le XVIe siècle. Aujourd'hui les étangs sont desséchés.

125. — **Ru des Avenelles.**

Le **moulin des Avenelles** (Boissy-le-Châtel) était occupé en 1839 par Louis-Vincent Vallée, meunier, et sa femme, Angélique Clément.

Depuis il a disparu.

126. **Moulin de Bertin.** — Le moulin de Bertin (Saint-Germain-sous-Doue) est très ancien. Il est relaté dans un acte du 1er août 1211 par lequel Mathieu de Toustain, chevalier, donne au prieuré de Sainte-Foy de Coulommiers, un septier de froment de rente à prendre sur « ses moulins de « Saint-Germain, et subsidiairement sur le terrage de Doue, « si le produit desdits moulins manquait » (*Arch. dép.* H. 815. *Arch. de Coulomm.*, G.-G. 36). Actuellement c'est un petit moulin à pot et à la monnée qui fonctionne par éclusées.

127. **Moulin de la Gouge.** — Commune de Saint-Germain-sous-Doue. Détruit en 1880, et transformé en ferme.

128. Sur le **ru de l'Etang de la Motte**, le moulin de **Croupet** est situé dans le village de ce nom (commune de Doue). C'était, au XIIe siècle, un moulin banal, pour tous les censitaires de la seigneurie de Doue « et du hameau de Croppet » à la jonction des rus de l'Etang de la Motte et de Mélarchez. Le ruisseau qui le faisait tourner était le « Réolus », qui limitait la forêt du Mans.

Aux XVIIe et XVIIIe siècles, le moulin de Croupet avait seul droit de chasse monnée dans la paroisse. En 1730, il fut loué avec le moulin de Chauffry moyennant 600 liv. t., plus 4 chapons et 11 canards (Réthoré, *Doue*, p. 152). Il fonctionnait encore au petit sac en 1811 et même postérieurement. Il a été détruit complètement vers 1880.

129. **Ru de Raboireau.** — Le moulin de Saint-Denis-lez-Rebais existait avant la Révolution et appartenait à l'abbaye de Rebais. Confisqué, il fut vendu au profit de la nation, le 6 juin 1791, avec 6 perches de jardin, 25 perches de chène-

vière et 3 arpents 69 perches de pré, avec y compris celui de la Fontaine-Chailly, à Parnot François, meunier à Bescherelle (commune de Boitron), moyennant 19 800 liv. t. Le principal locataire des propriétés de l'abbaye de Rebais était à cette époque un nommé Dumoulin Pierre Levêque, qui avait sous-loué ce moulin et celui de la Fontaine-Chailly à Pierre

PONT SUR LE RESBAC A REBAIS, APRÈS L'ORAGE DU 6 SEPTEMBRE 1886

Lombard, suivant bail devant Séguin, notaire à Rebais, du 1er mars 1789, moyennant 930 liv. t. et 6 canards (42-K. *Arch. dép.*).

Depuis, ce moulin a complètement disparu.

130. — Ru de Resbac.

A Rebais, il a existé autrefois un moulin, dont la rue dite des Molinots (Petits Moulins) rappelle le souvenir. Ce moulin était établi au bas de l'ancienne route qui conduisait à la Madeleine, en aval de l'étang qui existait en cet endroit sur le ru de Resbac. Les bâtiments qui avaient été transformés en maisons d'habitation ont été détruits par les eaux le 6 septembre 1886. Un jardinier qui s'était réfugié dans l'une d'elles fut emporté par les eaux et retrouvé mort le lendemain, en face Saint-Aile.

Ce moulin n'a dû disparaître qu'au cours du XVIIIe siècle, car en 1668-1673 il en est fait mention dans un procès

PONT SUR LE RESBAC A REBAIS, APRÈS RESTAURATION

entrepris contre une fille Catherine Tourain, native de la Chapelle-Véronge, servante en la maison du meunier Perrin à Rebetz-en-Brie, accusée d'avoir fait mourir l'enfant qu'elle avait mis au monde. Elle fut d'ailleurs condamnée par les juges du bailliage de Meaux à être pendue, après des débats qui durèrent plus de deux ans.

131. — Ru de Vannetin ou de Piétrée.

Dans la commune de Saint-Siméon, il a existé un moulin à blé appelé le moulin de **Bruneteau**, appartenant, vers 1830, à M. Benoît. En 1838, il appartenait à une demoiselle Marie-Reine Feragut, interdite, épouse d'un sieur Leblanc.

Ce moulin n'existe plus aujourd'hui.

132. A Marolles, il y avait autrefois le moulin très ancien de **Jaillart**, cité dans une charte de donation, de mars 1234, passée devant Pierre de Cuisy, évêque de Meaux; et ratifiée par Jean de Chantemerle, chevalier, seigneur du fief, par laquelle Jean Du Bois et son frère Arnoulin donnent aux Templiers de Chevru les droits qu'ils peuvent avoir sur le moulin de Jaillart à Marolles, à charge de payer 7 septiers de blé du gain dudit moulin et d'acquitter envers le curé de Chailly-en-Brie la rente d'un septier de blé qu'il a sur ce moulin (Inventaire des titres de Chevru, p. 257).

En 1406, le commandeur de Chevru donne à rente le moulin de Jaillart à Jeanne de Patras, dame en partie de la Motte de Marolles, épouse de Gilles de Viry. Détruit à cette époque, il fut reconstruit par Nicolas Cangrain, écuyer, qui avait épousé Nicole, fille de Jeanne de Patras. Ce moulin passa ensuite entre les mains de Antoine le Riche.

En 1811, c'était un moulin au petit sac.

Il disparut dans le cours du XIXe siècle.

133. **Moulin de la Brosse**, commune de Choisy-en-Brie. Il appartenait en 1830 à M. Nottin. Il a disparu.

134 et 135. **Ru de Franchin**. — Il y avait autrefois deux moulins sur le fief du bois des Trotignons.

L'un d'eux était appelé **moulin de l'Étang**, et l'autre le **moulin de l'île de Romenelle**, au territoire de Lescherolles.

Ils ont disparu tous deux depuis longtemps.

Nous voici arrivé au terme de notre excursion sur les cours d'eau du bassin du Grand-Morin; nous croyons avoir passé en revue tous les moulins qui ont pu exister; si nous en avions omis, nous serions reconnaissant au lecteur de vouloir bien nous les signaler en nous communiquant les titres à l'appui.

TABLE DES MATIÈRES

CHAPITRE I

CHAPITRE II

CHAPITRE III

CHAPITRE IV

I. — **Historique des moulins et usines du bassin du Grand-Morin.**

Moulins situés dans le département de la Marne.

II. — **Moulins ayant existé sur les affluents du Grand-Morin.**

TABLE DES GRAVURES

1237-06. — Coulommiers. Imp. PAUL BRODARD. — 2407.

IMPRIMÉ
PAR PAUL BRODARD, A COULOMMIERS

SUR PAPIER
DES PAPETERIES DU MARAIS

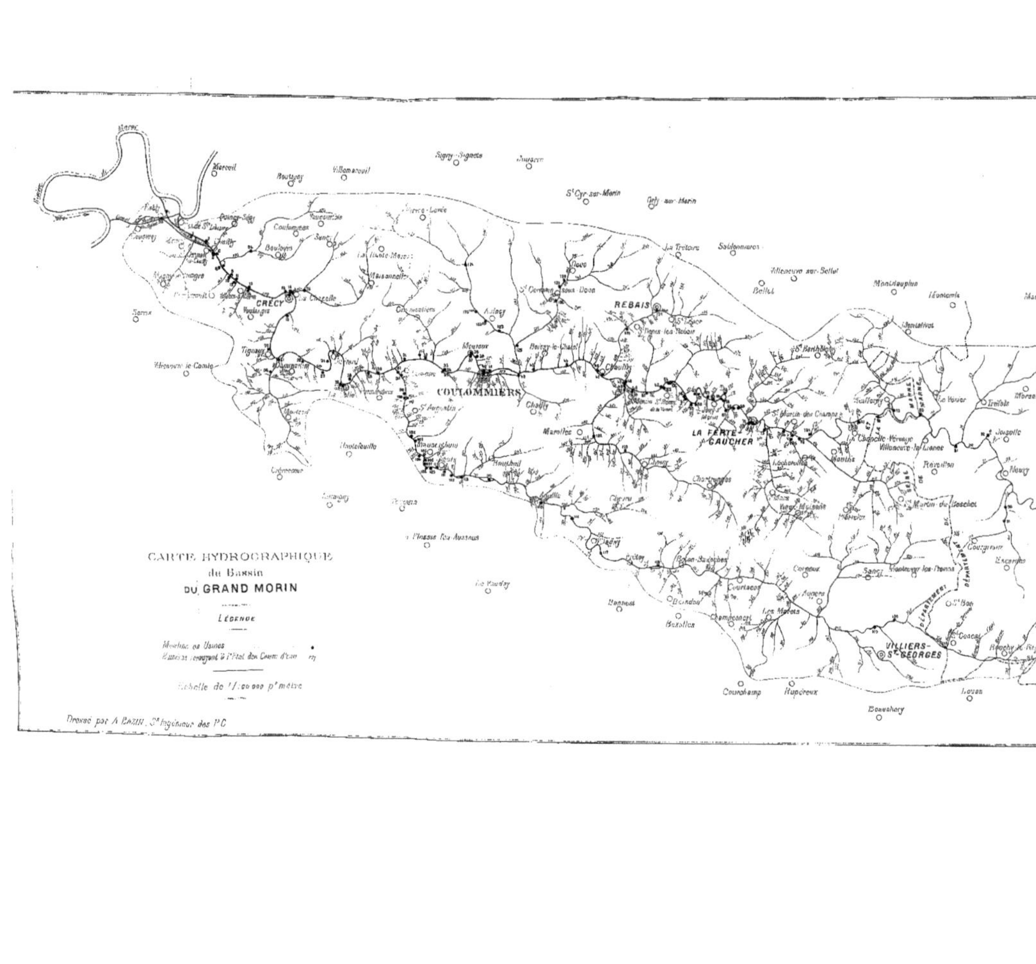

CARTE HYDROGRAPHIQUE
du Bassin
DU GRAND MORIN
LÉGENDE
Moulins ou Usines
Drossé par A. BAZIN
CRÉCY
COULOMMIERS
REBAIS
LA FERTÉ GAUCHER
VILLIERS-S^T GEORGES
Villeneuve-le-Comte
Tigeaux
St Augustin
Mouroux
Boissy-le-Châtel
Chailly
Chauffry
Mauperthuis
Signy-Signets
St Cyr-sur-Morin
Orly-sur-Morin
La Trétoire
Sablonnières
Villeneuve-sur-Bellot
Bellot
Montdauphin
Marolles
Chartronges
Jouy-sur-Morin
Meilleray
La Chapelle-Véronge
Villeneuve-la-Lionne
Sancy
Courtacon
Champcenest
Les Marets
Beton-Bazoches
Bazoches
Augers
Courchamp
Rupéreux
Beauchery
Louan
Montolivet
Morsains
Tréfols
Joiselle
Neuvy
Corfélix
Boissy-le-Repos
Escardes
Courgivaux

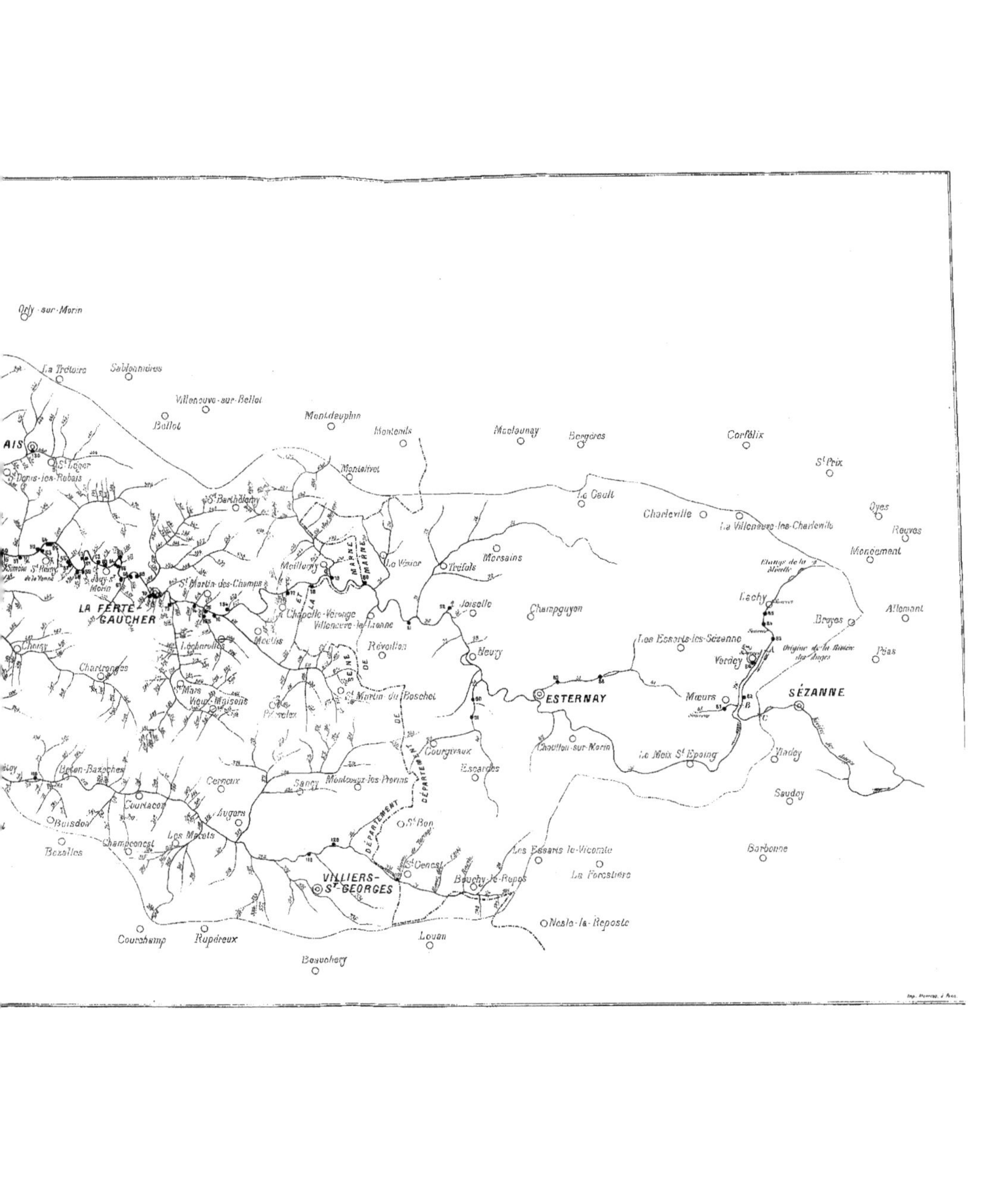

Orly-sur-Morin
La Trétoire
Sablonnières
Villeneuve-sur-Bellot
Bellot
Montdauphin
Montenils
Maclaunay
Bergères
Corfélix
St Prix
Montolivet
St Léger
St Denis-les-Rebais
Le Gault
Charleville
La Villeneuve-les-Charleville
Oyes
Reuves
Mondement
St Barthélemy
Meilleray
Le Vézier
Tréfols
Morsains
LA FERTÉ GAUCHER
St Martin-des-Champs
Jouy-s-Morin
La Chapelle-Véronge
Villeneuve-la-Lionne
Joiselle
Champguyon
Lachy
Broyes
Allemant
Chartronges
Réveillon
Neuvy
Les Essarts-les-Sézanne
Verdey
Pleurs
St Mars
Vieux-Maisons
St Martin-du-Boschet
ESTERNAY
Mœurs
SÉZANNE
Courgivaux
Chatillon-sur-Morin
Le Meix St Epoing
Vindey
Escardes
Beton-Bazoches
Cerneux
Sancy
Montceaux-les-Provins
Saudoy
Courtacon
Augers
St Bon
Boisdon
Bezalles
Champcenest
Les Marets
Les Essarts-le-Vicomte
Barbonne
St Genest
La Forestière
VILLIERS-St GEORGES
Bouchy-le-Repos
Nesle-la-Reposte
Courchamp
Rupéreux
Louan
Beauchery

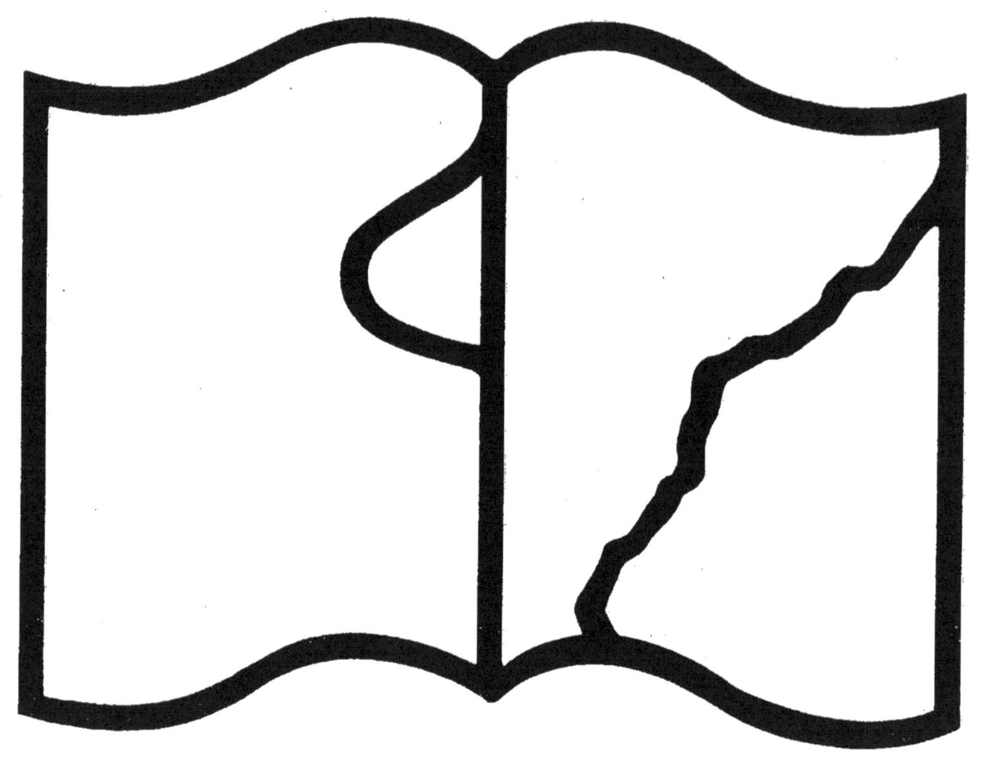

Texte détérioré — reliure défectueuse

NF Z 43-120-11

A
B

www.ingramcontent.com/pod-product-compliance
Ingram Content Group UK Ltd.
Pitfield, Milton Keynes, MK11 3LW, UK
UKHW012022240726
13965UKWH00002B/511

9 782012 860230